JN261405

持続可能な社会のための環境教育シリーズ〔5〕

環境教育と開発教育
実践的統一への展望：ポスト2015のESDへ

鈴木敏正／佐藤真久／田中治彦 編著
阿部　治／朝岡幸彦 監修

筑波書房

はじめに

　「環境教育と開発教育」は、車の両輪なのかもしれない。人の開発行為が環境問題を引き起こし、環境問題の広がりが開発に伴う格差を広げている。環境教育と開発教育がめざすものには差異があるものの、グローバリゼーションと呼ばれる時代状況のもとで対峙すべきものはほぼ共通している。持続可能な開発のための教育（ESD）は明らかにグローバリゼーションが進める「持続不可能な開発」に対する「もう一つの開発」（おそらく内発的発展に根をもつ開発）のあり方を提起しており、新たな教育領域の設定ではなく「いまもっとも求められている教育」のあり方（ベクトル）を示すものである。

　その意味では、人権教育、平和教育、ジェンダー教育など多様な教育領域がESDを構成する重要な要素であるものの、とりわけ環境教育と開発教育はその中心に位置づかざるをえないものであろう。この両者を軸とすることで、ESDの「わかりにくさ」を克服するひとつの枠組みを描き出すことができる。環境教育の概念は時代とともに次第に拡張されており、ついに地球全体にまで膨らんだところで、人と自然との関係は自然の向こう側にいる人や社会のあり方を強く意識せざるをえなくなったのであろう。「グローバリゼーション」と呼ばれる20世紀末以降の世界は、まさに人間の活動が引き起こす環境問題を人の生き方や社会のあり方の問題としてとらえ直す時代でもある。

　地球環境問題を介して地球の裏側に住む人びとの生活や社会のあり方を、自分の暮らしぶりや生き方と結びつけて考えることで、環境教育は開発教育と同じ土俵で議論せざるをえなくなる。本書は環境教育の研究者と開発教育の研究者が相互に協力することではじめて実現したものであり、その限りで求められながらなかなか実現できなかった本格的なESD論であるといえる。国連・持続可能な開発のための教育の10年（DESD）の最終年に本書が間に合ったことを喜びたい。ここから新たなポストDESDを支える議論が始まることを心より期待したい。

最後に、本書をはじめとしたシリーズの刊行を快く引き受けていただいた筑波書房の鶴見治彦社長に心からお礼を申し上げたい。
　2014年3月

朝岡幸彦

目次

はじめに …… 3

序章　環境教育と開発教育の実践的統一にむけて …… 9
1　グローバリゼーション時代の「双子の基本問題」と環境教育・開発教育 …… 9
2　「新しい生涯学習の教育学」としてのESD …… 12
3　開発教育の教育学的発展課題 …… 14
4　環境教育から「ともに世界をつくる学び」へ …… 19
5　本書の構成 …… 23

第一部　環境教育と開発教育の接点

第1章　ESDにおける環境教育と開発教育の融合 ── 環境教育における貧困・社会的排除問題、開発教育論の位置づけ …… 31
1　はじめに …… 31
2　社会問題と教育の役割 …… 33
3　環境教育における課題 …… 35
4　欧州を起源とする開発教育の目標とは …… 38
5　環境教育と開発教育の実践的統一 ── その可能性と展望 …… 41
6　おわりに …… 43

第2章　開発教育から見た環境教育の課題──DESD後の協働の可能性と必要性 …… 47
1　はじめに …… 47
2　開発教育にとっての環境問題 …… 47
3　開発教育からみた環境教育の課題 …… 53
4　おわりに …… 59

第3章　地域での持続可能な文化づくりと学び──開発教育と環境教育の実践的統一に向けて …… 61
1　はじめに …… 61
2　持続可能な開発と文化 …… 62

3 持続可能な文化づくりに向けての課題 …… 64
    4 地域での必然性のある学び …… 68
    5 持続可能な文化づくりに向けての教育課題 …… 74
    6 おわりに ── 開発教育・環境教育の実践的統一に向けて …… 76

第二部　持続可能で包容的な地域づくりへの実践

第4章　公害と環境再生 ── 大阪・西淀川の地域づくりと公害教育 ………… 81
    1 はじめに …… 81
    2 公害によるコミュニティの破壊 …… 82
    3 コミュニティの再生 …… 85
    4 ステークホルダーをつなぐ力 …… 89
    5 環境教育と開発教育の実践的統一 ── その可能性と展望 …… 96
    6 おわりに …… 96

第5章　自然保護から自然再生学習を経て地域づくり教育へ
　　　　　──教職教育の立場から ……………………………………………… 99
    1 はじめに ── 問題の設定と方法 …… 99
    2 環境教育実践の分析の視点 …… 101
    3 自然再生学習の学習原理 …… 105
    4 おわりに …… 109

第6章　途上国における持続可能な地域づくりと環境教育・開発教育
　　　　　──ドミニカ共和国におけるJICAプロジェクト「TURISOPP」をもとに
　　　　　………………………………………………………………………… 113
    1 はじめに …… 113
    2 ドミニカ共和国の開発の問題 …… 113
    3 JICA持続可能な地域づくりプロジェクト「TURISOPP」の概要 …… 116
    4 プラットフォームとしての地域力向上ユニット「UMPCルペロン」による
       取組みとその成果 …… 118
    5 「地域アイデンティティ」からはじめるアプローチの意義 …… 121
    6 人間問題の解決を礎にした環境・貧困・社会的排除問題の同時的解決に向
       けて …… 126
    7 おわりに …… 128

目次

第7章　学社協働の担い手づくり ── ドイツの事例に基づいて ……………… 131
　1　はじめに …… 131
　2　持続可能な地域開発と教育 …… 131
　3　学社協働の地域ESD実践の担い手の条件 …… 133
　4　地域ESD人材の養成と社会ネットワーク生成 …… 137
　5　環境教育と開発教育の実践的統一 ── その可能性と展望 …… 142
　6　おわりに …… 143

第8章　3.11と向きあう開発教育──開発教育協会（DEAR）の試行的実践 … 147
　1　はじめに …… 147
　2　「3.11」直後 …… 148
　3　チャリテイ・ワークショップの開催 ── ともに話し合い、考える …… 150
　4　教材づくり ── DEARの基本姿勢 …… 152
　5　環境教育と開発教育の実践的統一 ── その可能性と展望 …… 155
　6　おわりに …… 157

第9章　循環型地域社会づくり
　　　──農・食・農村共同体の価値と開発教育 ……………………………… 161
　1　はじめに ──「農」が提起するもの …… 161
　2　開発教育からの農の価値への接近 …… 162
　3　農の営みの位置 …… 163
　4　北タイ農村におけるグローバリゼーションのプロセス …… 165
　5　農を軸とした地域・学習共同体の日韓の事例 …… 167
　6　おわりに …… 170

　　　　　第三部　グローカル・パートナーシップに向けて

第10章　私たちのグローカル公共空間をつくる
　　　──開発教育の再政治化に向けて ………………………………………… 177
　1　はじめに …… 177
　2　開発教育の脱政治化の諸相 …… 178
　3　今再びフレイレ、イリイチに学ぶ …… 183
　4　二つの開発と国際開発政治の新潮流 …… 188
　5　環境教育と開発教育の実践的統一 ── その可能性と展望 …… 190
　6　おわりに …… 191

第11章　持続可能な社会構築における教育の役割——"市民の形成"に向けた社会運動体としてのグローバル・ネットワークへ ……………………… 195
  1　はじめに …… 195
  2　持続可能な社会構築の基本要件と教育の役割 …… 196
  3　社会運動体としてのネットワークへの展開 …… 199
  4　環境教育と開発教育の実践的統一——その可能性と展望 …… 203
  5　おわりに——グローバル・ネットワークの今日的意味とは …… 207

第12章　ポスト2015開発アジェンダにおける教育の機能と役割——国連教育イニシアティブ（GEFI）と教育に関する包括的協議に基づいて ……… 211
  1　はじめに …… 211
  2　国連グローバル教育ファースト・イニシアティブ（GEFI）の3本柱と地球市民性教育 …… 212
  3　ポスト2015における教育の機能と役割に関する包括的協議 …… 214
  4　ポスト2015開発アジェンダの策定にむけて …… 215
  5　環境教育と開発教育の実践的統一——その可能性と展望 …… 217
  6　おわりに——ポスト2015開発アジェンダにおける教育の機能と役割 …… 218

終章　グローバルな実践論理としての環境教育と開発教育
　　　——環境教育と開発教育の実践的統一にむけた展望 ……………………… 221
  1　はじめに …… 221
  2　環境教育と開発教育の歴史的背景に見られる接点 …… 221
  3　環境教育と開発教育の特徴（貢献と課題、共通点と相互補完性） …… 224
  4　環境教育と開発教育の実践的統一にむけた展望 …… 229
  5　おわりに …… 233

おわりに ……………………………………………………………………………… 235

執筆者紹介 …………………………………………………………………………… 238

序章　環境教育と開発教育の実践的統一にむけて

鈴木　敏正

1　グローバリゼーション時代の「双子の基本問題」と環境教育・開発教育

　「持続可能な社会のための環境教育」シリーズの第五巻として、本書は「環境教育と開発教育」を取り上げる。環境教育と開発教育を結びつける「と」については、環境教育の側からも開発教育の側からも、あるいはその他の視点からも多様に考えられる。第4巻『ESD入門―持続可能な開発のための教育―』が明らかにしてきたように、「持続可能な開発（発展）のための教育（ESD）」は、環境教育の新展開とも開発教育の発展とも理解することができる。「国連・持続可能な開発のための教育の10年（DESD、2005-2014）」の最終段階にある今、本巻では「環境教育＋開発教育＝ESD」という把握を前提に、DESD後のESDのあり方として「持続可能な社会のための環境教育」を考えてみたい。

　旧来、環境と開発は対立関係において密接に関連していたから、環境と開発の両者を見据えながらの環境教育論・教育学の提起はあった[1]。しかし、本書では21世紀における環境教育と開発教育それぞれの発展をふまえつつ、今日的状況の中で両者の実践的統一の課題を考える。「実践的統一」という用語を使用したのは、環境教育と開発教育がそれぞれの脈絡で展開してきたことをふまえると、現段階で「理論的統一」を言うことには反発が多いかも知れないが、ESDの動向や実践現場では統一への方向が現れていると考えるからである。もちろん、そのことによって開発教育や環境教育の枠組みの意味がなくなるわけではなく、むしろ、それぞれの今日的役割がより明確にな

ることを期待している。具体的な実践現場では、それぞれの独自性を保ったままでの「連携」や「協働」、あるいは部分的な「融合」といった多様なあり方が考えられるから、それらを含んだ広い意味で「統一」を理解しつつ、後述の「双子の基本問題」を同時的に解決しようとする具体的実践をとおして実質的統一がなされることを強調するために「実践的統一」と言うことにした。

さて、本書で「環境教育と開発教育」の視点から「持続可能な社会のための環境教育」を考えるのは、次のような理解を前提にするからである[2]。

「持続可能な発展（SD）」が国際的課題だと確認されたのは、国連のブルントラント委員会報告『我々の共通の未来』（1987年）からだと言われる。持続可能な発展を実現するための教育は、地球サミット（リオ・サミット、1992年）以来の重要課題とされ、ヨハネスブルク・サミット（リオ＋10、2002年）では公式に「ESD」として表現され、DESDを通して一般化してきた。チェルノブイリ原発事故と冷戦終結の後のこの時代を特徴づける最大のキーワードはグローバリゼーションであり、多国籍企業と超大国アメリカ、IMF・世界銀行・WTO、そして主要先進国などの主要グローバライザーによる市場主義的＝新自由主義的政策によって推進されてきた。その結果もたらされたグローバルにしてローカル（グローカル）な地球的問題群の中で基本的なものが、富と貧困の対立激化の結果としての「貧困・社会的排除問題」と、地域から地球レベルに至る「地球的環境問題」の深刻化である[3]。

3.11後には自然—人間—社会の総体のあり方が問われているが、前者は人間—人間（人間—社会）関係、後者は自然—人間（社会）関係の基本問題で、両者は相互に関連し合う「双子の基本問題」であり、21世紀には両者の同時的解決が求められている。そのためには、経済・政治・社会運動・文化活動などの総合的な活動が必要である。SDに向けて環境・経済・社会あるいは文化や政策の諸学での取り組みがなされ、学際的な「サステナビリティ学」も生まれて、3.11後には、文明論的・哲学的な提起も目立つようになってきた[4]。これらに対して、いわば「人間の自己関係」として、人間が人間の

序章　環境教育と開発教育の実践的統一にむけて

成長や発達に直接働きかける実践をとおしてかかわろうとするのが「実践の学」としての教育学の立場である。

　もちろん、たとえば「人間と環境、人間と人間の二重の共生関係」を重視して持続可能な地域社会を目指す「人間環境学」の具体化に見られるように[5]、実践にかかわっていけばいくほど、多様な学習活動が求められる。教育実践はそうした学習活動を対象化し、それらを意識的・総合的に発展させる活動であるが、当事者である人間諸個人が直面する諸課題を主体的に解決していくような意欲を形成し、実際に解決して行けるような力量を育てること（エンパワーメント＝主体的力量形成）が基本的課題となる。

　国際的なレベルにおけるその基本的方向は、学習活動はすべての人々、とくに社会的に排除されがちな人々を「なりゆきまかせの客体から、みずからの歴史を創る主体に変えるものである」という、いわば「主体形成の教育学」を提起したユネスコ成人教育会議の「学習権宣言」（1985年）によって示された。そして国連の21世紀教育国際委員会は、とくに子どもを念頭においた教育のあり方を再検討することをとおして、これまでの「知ることを学ぶ」と「なすことを学ぶ」に加えて、21世紀に求められている学びとして「人間として生きることを学ぶ」と「ともに生きることを学ぶ」を提起した（『学習：秘められた宝』、1996年）。「人間として生きることを学ぶ」は、人間存在のあり方まで問うようになってきた地球的＝地域的環境問題に、そして、「ともに生きることを学ぶ」は、社会的分裂の危機をもたらすようになってきた貧困・社会的排除問題に、それぞれ取り組む際に求められる、大人にも必要な学びであることは言うまでもない。これまで、前者にかかわってきたのが環境教育、後者にかかわってきたのが開発教育（その限りで、人権教育・国際理解教育・多文化教育・平和教育・ジェンダー教育などを含む）であると言える。

　これらの学びの発展は、21世紀に入って「双子の基本問題」がますます深刻化する中で切実なものとなってきている。重要なことは、人間社会を持続不可能にするような諸要因が明らかになり、それぞれに対応する実践的取り

組みが進むにつれて、「双子の基本問題」を同時的に解決することが必要となり、それを意識的・計画的に進める「持続可能で包容的な社会」づくりへの取り組みがなされるようになってきていることである。そこでは環境教育も開発教育も新たな発展が求められていると同時に、それぞれの積極面を活かした実践的な統一が課題となってきているのである。DESDもその一環であるが、「持続可能で包容的な社会づくり」は、国連や国家による計画的取り組みだけでなく、世界の地域レベルでのそれぞれに固有なボトムアップの取り組みがあり、それらをネットワーク化し、多様なパートナーシップを発展させることによってはじめて実質的なものとなる。

以上のような意味で、「双子の基本問題」を解決する方向は「持続可能で包容的な社会づくり」である。それは「世代間および世代内の公正」を実現するという「持続可能な発展（SD）」の課題に応える社会づくりでもあるが、諸個人のエンパワーメント過程を大切にしながら、いわばメゾレベルの地域課題に取り組む「持続可能で包容的な地域づくり教育 Education for Sustainable and Inclusive Communities（ESIC）」があってはじめて現実のものとなる。ESICはグローカルな実践として、「ともに世界をつくる学び」を推進する教育実践である。その発展は、東日本大震災を経験した「3.11後社会」において、とりわけ切実な教育実践の課題となっている[6]。

本書では、このようなESICの実践を通して環境教育と開発教育の実践的統一が可能となることを提起したい。しかし、その実現のためには旧来の環境教育と開発教育、そして近代以降の教育と教育学そのものを批判的・創造的に乗り越えて行く必要がある。

2　「新しい生涯学習の教育学」としてのESD

まず確認しておくべきことは、これまでのDESDの提起と活動が示しているように、「持続可能な発展のための教育（ESD）」は「生涯学習」として推進されることが前提となっているということである。それは単に子どもから

大人までの学びというだけでなく、環境・経済・社会・政治そして文化の全体にかかわる活動であり、教育活動としては学校教育や社会教育を越え、さらに旧来の生涯学習政策にも含まれていなかった新しい領域を含めて、学習と教育のあり方を革新する「新しい生涯学習の教育学」を求めている[7]。

　グローバリゼーション時代を教育の視点からみれば、「生涯学習体系への移行」を提起した臨時教育審議会最終答申（1987年）から教育基本法改定（2006年）への動向に見るように、「生涯学習の理念」（新教育基本法第3条）を重視した教育改革が進められてきた「生涯学習時代」だと言える。ESDを世界共通の課題として普及させて行った「DESD国際実施計画」（2005年）でも、ESDは生涯学習として推進するとされていた。ユネスコの「第4回国際環境教育会議」（2007年）で採択された「アーメダバード宣言」は、われわれは「誰でも教師であり学習者」であり、ESDは「生涯にわたるホリスティックで包括的なプロセス」であるという見方へ変化すべきだとしている。しかし、それは日本の生涯学習政策で考えられている「生涯学習」ではなく、「新しい生涯学習の教育学」の理解を必要とする。

　DESD国際実施計画の「付属文書」では、定型的Formal・不定型的Non-Formal・非定型的Informalな教育に取り組むことが必要だとされている。それはユネスコ成人教育会議の「ハンブルク宣言」（1997年）や「ベレン行動枠組み」（2009年）でも確認されてきた世界共通の「教育3類型」であり、生涯学習を捉える第一次的接近である。「DESD中間報告書」（2009年）では、とくに不定型教育と非定型教育の充実を今後の課題としているが、焦点となるのは「構造化する実践」としての不定型教育であり、その典型的実践こそ「地域をつくる学び」を援助・組織化する「地域づくり教育」ないし「地域創造教育」なのである[8]。

　筆者は「生涯学習の教育学」の5つの視点として(1)生涯学習を人権中の人権として理解する「現代的人権」、(2)大人の学びと子どもの学びをつなぐ「世代間連帯」、(3)学習は社会的実践であるという「社会参画」、(4)私と地域と世界をつなぐ「グローカル」性、(5)地域生涯教育公共圏を創造する「住民的公

共性」を挙げ、日本的脈絡に即して、地域住民（子どもを含む）による自己教育活動（非定型教育の核心）の援助・組織化を基本とする「社会教育としての生涯学習」を展開することが必要だと考えてきた。そして、そうした視点から、学習実践展開の基本的方向は「学習ネットワークから、地域をつくる学びを経て、地域生涯教育計画づくりへ」であると提起してきた。「持続可能で包容的な社会づくり」にかかわる「新しい生涯学習の教育学」は、こうした学習実践を推進する教育実践の理論と実践として考える必要がある[9]。

　出発点は、地域住民（子どもを含む）の自由で自主的な学習活動であり、住民主体の学習のネットワーキングである。そこから展開する主体的な学習＝自己教育活動の論理は、教育実践者の論理と一致するわけではなく、むしろ緊張関係にあり、しばしば対立する。それゆえ、定型的・不定型的・非定型的な重層的教育展開が求められるのであるが、それら全体を媒介しつつ活性化する位置にあるのが、学習者と教育実践者の多様な協同による不定型教育であり、その今日的な代表的実践が「ともに世界をつくる学び」を援助・組織化する「持続可能で包容的な地域づくり教育（ESIC）」なのである。

　それではESICは、これまでの開発教育および環境教育の流れにおいてどのように位置づけ、理解したら良いのであろうか。

3　開発教育の教育学的発展課題

　1980年代末葉以降のグローバリゼーションは、何よりも市場競争を優先させる「経済的グローバリゼーション」であり、各国と地球レベルで格差拡大をもたらし、貧困・社会的排除問題と資源・環境問題を深刻化させた。しかし同時に、グローバリゼーション時代は「外部のない時代」であり、それまで経済活動の外部に押し付けていたこれらの諸問題が、多くの人々に可視化され、それらへの政策レベルでの対応もなされるようになってきた。

　国際開発援助の領域でも反省的見直しが求められてきた。まず、開発援助を環境保全・持続可能型にしようとする「環境援助」や「環境ODA」が取

序章　環境教育と開発教育の実践的統一にむけて

り組まれた。日本は、世界銀行が採用した「環境市場主義」やヨーロッパのいくつかの国が前提とした「エコロジー近代化論」に対して、「環境問題対処能力強化論」の立場にたち、公害対処経験（たとえば環境センター・モニタリング方式）の普及に取り組んだところに特徴があるとされている[10]。しかし、その援助の部分性・一面性、再生可能技術開発の後退、援助額自体の縮減、何よりも被援助国の制度的・主体的条件との不適合によって十分な成果を上げることができなかった。こうした経験から、あらためて「開発援助」そのものが問われるようになってきたのである。

　これまでに、「反開発」や「脱開発」の提起を経て、援助側と被援助側の非対称性、ドナーの知的・経済的優位、専門家主義的・行政的マネジメント、責任の所在の不明確性、開発の脱政治化などが問題とされ、「批判開発学」の必要性が指摘されている[11]。国際開発学会は、20周年（2010年）にあたって「開発を再考する」シンポジウムを開催し、これらの反省にたった「開発倫理」の見直し、日本的な実践知からの理論化、開発概念の「自動詞的用法（国民一人ひとりによる内発的・主体的開発過程への参加）」を提起している[12]。

　1950年代後半以降の経済主義的開発に対しては、60年代後半以降、多様な批判がなされ、オルタナティヴが提起されてきた。経済的開発に替わる社会的開発、文化的開発、総合的開発、あるいは参加型開発や内発的開発などである。それらは90年代に入って、貧困問題にかかわる「人間的開発」と、環境問題に対応した「持続可能な開発 sustainable development」に集約されてきた。そのことは最近、成熟・縮小過程に入っている先進諸国でも、脱開発＝脱経済成長の主張を伴って理解されてきている[13]。日本でもコンパクトシティや創造都市の議論を経て、とくに社会的持続可能性や社会的包摂を強調する「持続可能都市 sustainable city」が提起され、環境・福祉・コミュニティを重視した「人口減少社会＝定常型社会」が展望されている[14]。本書の視点からして重要な課題は、こうした動向をふまえつつ、「人間的開発」あるいは「持続可能な開発」に含まれる教育学的含意を明らかにして、開発

「教育学」を展開することである。

　ほんらい、「世代間および世代内の公正」の実現として理解された「持続可能な開発」(ブルントラント委員会、1987年)は、教育の基本的役割にかかわる。すなわち、ひとつに、教育は先行世代の後発世代に対する働きかけと考えられ、「世代間」の対立を乗り越え、学び合いをとおして世代間連帯を進める実践において基本的重要性をもっているということである。「現代の世代の未来の世代への責任に関する宣言」(ユネスコ、1997年)でも、とりわけ教育の重要性が強調されている。過去と未来を現在の実践によって結びつけるのは教育実践の基本的性格であるが、「超少子高齢化時代」に入っている今日の日本では多様な領域(環境や子育てから年金や福祉の問題まで)において世代間連帯が課題となっており、教育が果たすべき領域は広く、役割は大きい。

　もうひとつに、近代以降の教育は「世代内」の階級的・階層的な分裂と格差を克服するための基本的手段として位置づけられてきたということである。今日的にはグローカルな社会的排除問題(いじめ問題から国際地域紛争までの階級的・階層的・国家的・民族的・文化的排除)への対応が基本課題となってきているが、すべての人々を「受容」することから始まる教育はあらゆる「排除」と本質的に対立する。既述の21世紀教育国際委員会報告書も「教育対排除」を21世紀に解決すべき基本的対立として提起した。それは21世紀に入ってより明確となり、ユネスコ国際成人教育会議の「ベレン行動枠組み」(2009年)は、社会的排除問題に取り組む「包容的教育inclusive education」の必要性を強調している。

　以上のように考えるならば、持続可能性に取り組むことは教育の本来的課題であるだけではなく、今日の教育の理論と実践において喫緊の課題となっていると言えるのである。「人間的開発」は、A.センの「自由としての開発」論、とくに「潜在能力capability」論を展開したものである。それを人格論の中で位置づけ展開することをはじめ、彼の人権アプローチ、教育権論、学習権論、理性論、「自由としての開発制度」とくに「公論の場」形成論など

序章　環境教育と開発教育の実践的統一にむけて

を教育学的に発展させることが求められていたのであるが、それらは開発教育論において残された課題となっている。もっとも重要なことは、開発の対象となった地域の住民による主体的な学習過程（自己教育過程）の論理を明らかにし、それらを推進する教育実践論を展開することである。もちろん、経済学や倫理学を展開しようとしたセンやその支持者たちにそれを期待することはないものねだりであり、それこそ教育学としての「開発教育」論の課題であったのであるが、開発教育論者がそれらを発展させる作業は立ち後れていると言わざるをえない。開発と開発教育の主体を重視する立場からは、地域に根ざし、地域住民主体で進める「内発的発展（開発）」が提起され、そこではエンパワーメントにかかわる学習の必要性も指摘されてきたが、固有の学習論として展開されることは少なかった。

　教育学はほんらい「実践の学」である。内発的発展には学習活動が不可欠であり、実際に取り組まれているのであるから、それらの実践を理論化するという作業が必要である。しかし、そうした研究が立ち後れてきたのは、そもそも「開発」に関する経済学・政治学・社会学あるいは文化諸学とは異なる教育学的アプローチが明確にされてこなかったということに基本的原因がある。日本において「Development」は、経済学的には「開発」、社会学的には「発展」と訳される場合が多く、教育学的には「発達」という訳になる。これまで「発達の経済学」（池上惇ら）や「人間回復の経済学」（神野直彦）の提起はあったが、経済学ではなく教育学としての発達論や人間回復論を展開することがまず必要だったのである。

　しかし、今日では「発達の教育学」そのものが問われてきていることに留意する必要がある。教育学・心理学者や教育専門家が理解する「発達の論理（法則）」を学習者に押し付けるような活動が批判されてきた。年齢段階や発達段階を問わずに、矛盾を抱えた現代社会でともに生活することから生まれてくる「学習課題」（学習必要と学習要求の統一）への取り組みを、「学習の自由」が保障された中で、学習者＝当事者が主体となって進める学習活動＝自己教育の論理がふまえられなければならない。自己教育活動は学習者の主

体形成(エンパワーメント)にかかわるものである。「発達の教育学」に替わって、そのような「自己教育の論理」を重視する「主体形成の教育学」が求められてきたのである⁽¹⁵⁾。

　筆者の理解する自己教育過程論によれば、それは大きく①まわりの世界を批判的に捉え直す「意識化」、②自分の世界を見直し、自己信頼をし、問題を自分の課題として捉える「自己意識化」、③自分を変えることとまわりの世界を変えることを統一し、自分たちが求めるものを協同して創造するための「理性形成」、そしてこれらを通して、④何のために何をどのように学ぶかを自分と自分たちのものとする「自己教育主体形成」の4つの領域に区分することができる。「持続可能で包容的な地域づくり教育(ESIC)」は、①と②を前提にして③を展開して④に至る実践と言える。開発教育において問われているのは、そうした自己教育の諸領域の、多様な地域と多様な主体に即した創造的な発展である。

　たとえば、「最後の者を最初に」して「学習の逆転」を提起したR.チェンバースは参加型開発を推進してきた代表者として知られているが、それは「抑圧されていないものの教育学」、すなわち援助者の振る舞いや態度の変革を迫るものであり、被援助者の参加にともなう自己教育過程の論理を追求したものではなかった。これに対して、「子どもの参画」を提起したことで著名なR.ハートは、子どもが主体的に「大人と一緒に決定する」ような、環境教育への主体的参画を求めるものであったがゆえに、事実上、上記の③の領域の実践を展開するものであった。しかし、これまでの開発教育論においてはそうしたものとして位置づけられず、ハート自身が「アクションリサーチ」として提起したこともあり、その実践的提起を、当事者による「参画型調査研究 participatory research」から始まる自己教育過程論として深め広めることは不十分であった。

　以上のような残された教育学的課題に取り組むことが、開発教育と環境教育を実践的に統一するESICを展開するための重要課題となる。

4　環境教育から「ともに世界をつくる学び」へ

　環境教育については本シリーズの各巻で多様な側面から検討してきたので、ESICがこれまでの環境教育を超えようとしている基本的な点を確認しておくだけでよかろう。

　ESICは、SDへの努力の蓄積の上に考える必要がある。「持続可能性 sustainability」はまず、「再生可能性―生物多様性―持続可能性」の関連において、つまり物理学的・化学的・エネルギー論的な「再生（循環）可能性」と、生物学的・生態学的・進化論的な「生物多様性」の理解の上に、人間学的・社会科学的そして教育学的な「持続可能性」が位置づけなければならない。そして今日、ESD（その中核としてのESIC）は、自然・人間・社会の全体的あり方が問われる中で捉え直すことが求められている。ここでくわしくふれる余裕はないが、それらの関連におけるESD（ESIC）の位置を**表序-1**に示しておく。ESDはこの表のセルのいずれかのテーマ、あるいはそれらの組み合わせで考えることが可能であるが、全体の関連を見失うとその実践は一面的にならざるを得ない（持続的経済成長論、環境ファシズムなど）。

　こうした位置づけを前提にした上でESICは、これまでの「地域づくり教育 Community Development Education」の理論と実践をふまえ、経済成長主義や進歩主義を支えてきた近代的枠組み、すなわち主客・心身2元論と功利主義（悪しき「人間主義」）あるいは技術的合理主義を乗り越えた地平で、内発的な「地域をつくる学び」を援助・組織化する実践として考えられなければならない。環境思想から言えば、人間主義と自然主義の対立を乗り越

表序-1　ESD（ESIC）の位置

	自　然	人　間	社　会
循環性	再生可能性	生命・生活再生産	循環型社会
多様性	生物多様性	文化的多様性	共生型社会
持続性	生態系保全	ESD（ESIC）	世代間・世代内公正

て「持続可能で包容的な地域づくり」を進める「実践の論理」が問われるのである。

　環境教育の視点からは、これまで方法論的に全体を捉える基本的枠組みとされていた、(1)環境「における（in）」あるいは「を通した（through）」教育、(2)「についての（about）」教育、(3)「のための（for）」教育という実践類型を超えて、環境と共生的・共進化的にかかわっていく、環境「とともにある（with）」教育が求められている。地域で展開されている環境教育は、内容論的に①自然の論理と倫理を理解する自然主義的な「自然教育」（自然体験学習や自然保護教育）、②人間の生活にとっての環境の意味を理解し、充実させようとする人間主義的な「生活環境教育」（生態系サービスの「賢明な利用」）、③人間と自然との関係を理解し、その実体的あり方を共生的なものに作り変えていくために、しばしば対立する①と②とを実践的に乗り越えようとする「環境創造教育」、④以上の全体を関連づけ、相互豊穣的に発展させようとする「地域環境教育」から成る。そうした理解に基づけば、ESICは③の領域を中心として④の領域を切り開こうとするものであると言える。

　このように方法的・内容的に位置づけられるESICの実践においては、主観（倫理・道徳）主義や科学（悟性・技術）主義を乗り越えた「現代の理性」の形成が求められる。それは、これまでの環境教育論が前提にしてきた実証主義・合理主義、解釈学・現象学、批判理論やポスト・モダン論あるいはポスト・コロニアル論の先に求められる「創造的実践の論理」である。教育実践的には、上記の①においては、持続可能性につながる諸科学（生態学・地球科学から「サステナビリティ学」まで）の成果の学習とともに、単なる自然体験を超えて、損なわれた自然を再生する実践に伴う「自然再生学習」を媒介として③の実践が生まれている[16]。そうした中で、自然観の自分史・生活史的理解、実践知・生活知・暗黙知あるいは場的・宗教的な自然理解の重要性も理解されてきており、②の反省的・批判的学習を促している。②では、これまで破壊されてきた自然環境の再生だけでなく、すでに一定の学習・教育領域をなしてきた健康や子育てをはじめ、食や農とそれらを支える場、

序章　環境教育と開発教育の実践的統一にむけて

自然を含む日本的共同体の再建・創造による持続可能性をも問うようになってきており[17]、それらから地域環境自体の創造的改変にかかわる③の実践（ESIC）も生まれている。

④では、これらの学習の全体を「構造化」することが課題となる。ESDではホリスティックな視点が問われ、現代的人格論を基本に、人間活動の全体を視野に入れることが必要となっているが、具体的実践としては、地域での学習全体を関連づけ、「構造化」する活動を不可欠のものとする。それは、ESICを中核として過程志向的かつ空間編成的に取り組まれるものである。そうした活動を通して、環境教育と開発教育の時空間の実践的統一がなされるであろう。そのようなESICの推進は、道具的・合理主義的理解と批判主義的理解を超えた再帰的・反省的実践をふまえつつ、上記のような諸実践を意識的・計画的に発展させようとする、いわば「メタ・メタ論理」を必要とする。環境計画では未来から現在を照射する「バックキャスティング」の重要性が指摘されているが、教育計画論的視点[18]からは、地域教育実践の全体を「未来に向けて総括」する計画づくりが基本活動となる。

ESICは、コミュニケーション的理性（J.ハーバマス）や関係主義的理論を超えて、人間と自然の相互作用によって形成された実体（とくに、コモンズ＝共有資産を核とする風土、里地・里山・里海など）、あるいは相互作用（作り作られる関係）から生まれる身体・環境と、相互的応答関係としての生活や労働を含むバイオ・リージョン（とくに農業生態域や流域生態域）を再建・創造する実践の論理にかかわるものである。したがって、単なる参加型学習ではなく、自然再生や持続可能な地域づくりの実践に主体的に参画することを通して獲得される「現代の理性」形成（前節の③）の学習実践である。

それは基本的に、学習ネットワーキングと地域づくり基礎集団形成に支えられた①地域課題討議の「公論の場」づくりを基盤とし、②地域研究・地域調査学習、③地域行動・環境行動学習、④地域づくり協同実践、⑤地域再生・SD計画づくり、それらにかかわる学習・教育を構造化・組織化する⑥地域教育（ESD）計画づくりによって展開される（**図序-1参照**）。具体的な実践

図序-1　地域づくり教育としてのESICの展開構造

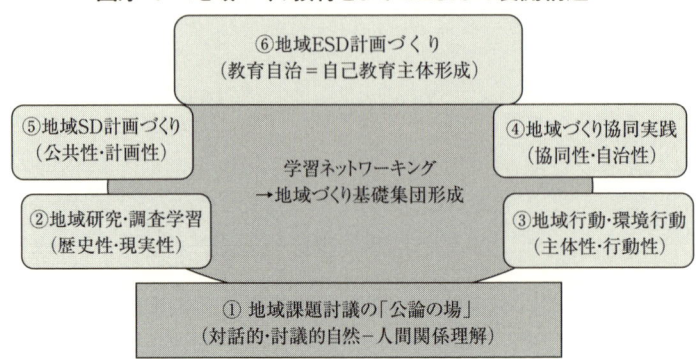

```
           ⑥地域ESD計画づくり
           （教育自治＝自己教育主体形成）

⑤地域SD計画づくり                    ④地域づくり協同実践
（公共性・計画性）                     （協同性・自治性）
                学習ネットワーキング
                →地域づくり基礎集団形成
②地域研究・調査学習                   ③地域行動・環境行動
（歴史性・現実性）                     （主体性・行動性）

           ① 地域課題討議の「公論の場」
           （対話的・討議的自然＝人間関係理解）
```

はこれらのどこからでも始めることができ、それらの組み合わせによって発展するが、「持続可能で包容的な地域づくり」のためにはいずれも不可欠であり、現局面では、それぞれの創造的で多様な展開を必要としている[19]。

　最後に、かかわる人々が相互に承認し合うことを不可欠とするそれらの実践は、多文化共生の視点に立ち、自文化中心主義にも相対主義や全体主義にも陥ることのない「開かれた地域づくり」の繋がりによって生まれる「多元的普遍性」を求めることを指摘しておかなければならない。ポストコロニアリズム的視点からは「間文化 cross-culture」の異種混交性と存在論的普遍性の中から生まれる文化的創造性が主張され、批判地理学的・生態学的・人類学的視点からは時空間の多次元性と弁証法的性格をふまえたコスモポリタン教育も提起されているが、われわれは多元的・重層的な実践の時空間、とくにESICにおける学習・教育の創発性や創造性に着目しなければならない[20]。そこから出発する「多元的普遍性」の追求は、実践的には、ローカルに始まりグローバルへとつながるネットワーク活動を基本とする。それを促進しようとする実践は、持続可能な社会をめざす「グローカル公共圏」を伴い、それを支える「グローカル・パートナーシップ」を必要とするようになるであろう。そうした展開によってESICは、文字通り「ともに世界をつくる学び」となるのである。

5　本書の構成

　以上のような理解をもとに、本書は次のように構成されている。

　全体は、環境教育と開発教育の接点を探り、実践的統一への課題を整理した第一部、環境教育と開発教育を統一する「持続可能で包容的な地域づくり教育（ESIC）」への諸実践を提示した第二部、それらをふまえて「持続可能な社会のための環境教育」へのグローカル・パートナーシップの諸課題を整理した第三部に分かれる。

　第一部は、まず第1章で、「環境教育＋開発教育＝ESD」という視点から、国際動向とかかわる研究動向を整理し、とくにこれまで不十分であった環境教育から開発教育への接近のあり方を考えつつ、ESDとしての「環境教育と開発教育の融合」の課題を検討する。次いで第2章で、開発教育の歴史において浮かび上がってきた環境教育の課題、しかしながら同時に両者の間に存在する基本的差異をふまえながら、現局面での協働の可能性を探る。

　これらを前提にして第3章では、「持続可能な文化づくり」という視点から、環境教育・開発教育の実践的統一に向けた学習と教育のあり方を考える。ESDは環境・経済・社会・政治の全体を問うものであるが、この章ではそれらの基盤とされている「文化」に着目し、「持続可能な（世代間・世代内・生物種間に公正な）文化」の地域からの創造にかかわる学習・教育の全体的・構造的あり方を提起する。それは、「実際生活に即する文化的教養」を学習内容とし、文化創造活動を含む「学習の構造化」から「地域づくり（地域創造）教育」へと発展してきた日本の「社会教育としての生涯学習」の新展開にもつながり[21]、環境教育・開発教育をより日本の地域での実践にねざして統一しようとする提起でもある。

　第二部では、「持続可能で包容的な地域づくり」の諸実践を取り上げ、そのために不可欠な学びの論理を探る。それらは、環境教育と開発教育を統一して行く際の根拠を明らかにすることになるであろう。

まず、日本における環境教育の流れをふまえて、公害学習と自然保護教育から「地域づくり（地域再生）教育」への展開に注目する。

　公害問題はそれまでの経済中心的開発の問題を先鋭的に示すものであるが、公害問題への対応からさらに持続可能な地域再生をめざす諸実践に、旧来の開発教育を乗り越えて行く方向をみることができるであろう。都市型公害と反対運動のひとつの典型例とされてきた「西淀川公害」地域で地域環境再生に取り組んできた具体的実践をとおしてそうした方向を考えてみようとするのが、第4章である。自然環境再生にとどまらずコミュニティ再生・パートナーシップ再構築に取り組んできた「あおぞら財団」の活動は、当該地域を越えたスタディツアーや公害資料館の連携などによる公害学習の新たな局面の開拓だけでなく、地域ESDへの取り組みも含めて地域再生＝地域づくり教育の今日的意義を示すものである[22]。

　第5章は、環境教育のもうひとつの源流とされてきた自然保護教育から、より積極的に自然再生、さらには「持続可能な地域づくり」へと実践展開をしていく際に求められる学習の特徴を明らかにする。「道具的メンタリティをもつ子どもと学習者のための教育実践」から「反省的メンタリティをもつ政策と運動のための教育実践」への方向を基本理解としつつ、生態学的持続可能性をふまえた「自然再生学習」の論理と実践、とくにリジリアンス（復元力）論的視点からの実践理解は、3.11後のESIC展開への、環境教育に固有なアプローチの可能性を提示するものである。

　次に、開発援助の動向からの検討をする。国際機関や先進国が主導する援助活動を超えて、民間のNGO・NPOの活動、さらにそれまで被援助者の立場にあった地域住民が主体となった参画型開発を進めようとする時に、環境づくりと開発を自治的・民主的に統一する方向が見えてくる。そこに求められる学びを援助・組織化していこうとする教育活動こそ、環境教育と開発教育を実践的に統一していく方向を示すことになるであろう。

　こうした理解をもとに、第6章では、国際開発の舞台であった発展途上国（ドミニカ共和国）での内発的開発教育の実践例を検討する。ネットワーク

活動に支えられた「公論の場」＝プラットフォーム、地域住民主体の地域調査と参加型ワークショップによるアイデンティティ形成（自己意識化）、そして暗黙知をも含む「地域アイデンティティ」形成から始めるその実践は「（持続可能で包容的な）地域づくり教育」そのものであり、これまでの支配―従属関係を超えようとするESICに大きな示唆を与えるものである。

グローカルな時代としての21世紀においては、開発問題もそれに取り組む開発教育（あるいは教育開発）も発展途上国だけの問題ではない。先進諸国においても、社会的に排除されがちな地域や階層を対象にした開発教育が取り組まれている。最近ではアメリカにおけるグリーン・ニューディールの実際が示しているように、そうした実践においては、環境問題と貧困・社会的排除問題の同時的解決が求められている。第7章は、原発から自然エネルギーへの転換が進むドイツにおいて、地域的・階層的格差問題に取り組む「学社協働」による地域ESDの実践を取り上げる。その実践は、ESD推進者＝マルチプリケーターによる多元的・重層的な地域社会ネットワーク形成を基本とし、地域課題（地域固有の矛盾とコンフリクト）を可視化しその解決に取り組む参加者の学習をとおして、持続可能な地域再生の活動へと繋げている。まさに、内発的な地域づくり教育としてのESICに共通の展開論理をもつものであると言える。

以上のように検討してくるならば、「持続可能で包容的な地域づくり」は、人類史上最悪の公害＝福島第一原発事故を伴う東日本大震災後の日本においてこそ必要とされている実践であると言えよう。第8章は、日本の開発教育のナショナルセンターである開発教育協会が取り組んだ復興支援や原発・原子力問題ワークショップおよび教材づくりの実践的経験をもとに、3.11後社会における開発教育と環境教育の実践的統一の可能性と展望について述べる。もちろん、「持続可能で包容的な地域づくり」の実践は被災地だけでなく、現局面における日本の各地で追求されている。

それらにおいて、ESDの視点から問われるのは、「再生可能性―生物多様性―持続可能性」を視野に入れた生活・生産・福祉・文化そして教育にわた

る実践的時空間の創造である。そうした方向に向けて第9章では、これまでの日本における開発教育、北タイ農村の国際開発の経験をふまえつつ、「農」の論理を基本にした日韓の食・生命共同体＝学習共同体をめざす学びを事例に、持続可能な循環型地域社会づくりに取り組む開発教育のあり方を反省的に提起する。

最後に第三部では、以上のような地域に根ざした実践の全国的、さらには国境を越えたネットワーク化のあり方と、それらの発展を支える「グローカル・パートナーシップ」への課題を考える。

まず第10章で、「脱政治化」する国際開発・開発教育の批判の上に、「再政治化」に向けての国内外の取り組み、とりわけP.フレイレとI.イリイチの思想と実践を引き継ぐ南部メキシコの「低開発地域」での住民主体の協同組合活動や民衆大学的実践の事例にもとづいて、「グローカル公共空間」形成の課題を提起する。引き続いて第11章では、「持続可能な社会づくり」へのネットワーキングから「グローカル・パートナーシップ」を形成していく上での教育実践、とくに地域づくり教育の基盤である学習ネットワークに焦点をあわせ、日本の開発教育協会での経験からグローバル・ネットワークへの展開方向を探る。組織・情報ネットワークの限界を乗り越えつつ、現実的なオルターナティヴを求める「社会運動としてのネットワーク」と市民的・政治的教育の提起は、学習論的にみても基本的重要性をもつものである。

これらをふまえつつ第12章では、ミレニアム開発目標達成期限後の「ポスト2015開発アジェンダ」をめぐる諸議論を整理しながら、環境教育と開発教育の実践的統一を進める上での課題、そこにおける教育の機能と役割、それらを具体化する「グローカル・パートナーシップ」のあり方を考える。

終章は、全体のまとめである。

注
（1）たとえば、藤岡貞彦編『〈環境と開発〉の教育学』（同時代社、1998年）。環境と開発をめぐっては、吉田文和・宮本憲一編『環境と開発』（岩波書店、2002年）など。

序章　環境教育と開発教育の実践的統一にむけて

（2）くわしくは、拙著『持続可能で包容的な社会のために―3.11後社会の地域をつくる学び―』（北樹出版、2012年）、とくに第6章を参照されたい。
（3）この間の動向、とくにグローバリゼーションの下での社会的排除問題の展開とそれに対する政策と実践については、拙編『排除型社会と生涯学習―日英韓の基礎構造分析―』（北海道大学出版会、2011年）、および鈴木敏正・姉崎洋一編『持続可能な包摂型社会への生涯学習―政策と実践の日英韓比較研究―』（大月書店、2011年）。
（4）たとえば、小宮山宏ほか編『サステイナビリティ学』全5巻（東京大学出版会、2010～11年）、岩佐茂・高田純『脱原発と工業文明の岐路』（大月書店、2012年）、杉田聡『「3・11」後の技術と人間―技術的理性への問い―』（世界思想社、2014年）、尾関周二・武田一博編『環境哲学のラディカリズム―3.11をうけとめ脱近代へ向けて―』（学文社、2012年）、牧野英二『「持続可能性の哲学」への道―ポストコロニアル理性批判と生の地平―』（法政大学出版局、2013年）。
（5）小島聡・西城戸誠編『フィールドから考える地域環境―持続可能な地域社会をめざして―』（ミネルヴァ書房、2012年）。
（6）3.11後の教育とくに環境教育と社会教育の課題については、教育科学研究会編『3.11と教育改革』（かもがわ出版、2013年）、日本環境教育学会編『東日本大震災後の環境教育』（東洋館出版社、2013年）、石井山竜平編『東日本大震災と社会教育―3.11後の世界にむきあう学習を拓く―』（国土社、2012年）、拙著『持続可能で包容的な社会のために』前出、終章、および日本社会教育学会60周年記念事業実行委員会編『希望への社会教育―3.11後社会のために―』（東洋館出版社、2013年）。
（7）「持続可能な発展のための教育」については、拙著『持続可能な発展の教育学―ともに世界をつくる学び―』（東洋館出版社、2013年）。この序章は同書を前提にしている。
（8）拙著『学校型教育を超えて―エンパワーメントの不定型教育―』（北樹出版、1997年）、同『生涯学習の構造化―地域創造教育総論―』（北樹出版、2001年）。
（9）拙著『増補改訂版　生涯学習の教育学―学習ネットワークから地域生涯教育計画へ―』（北樹出版、2014年）、を参照されたい。
（10）森晶寿『環境援助論―持続可能な発展目標実現の論理・戦略・評価―』（有斐閣、2009年）。
（11）V.ザックス編『脱「開発」の時代』三浦清隆ほか訳、晶文社、1996（原著1992）、北野収『国際協力の誕生―開発の脱政治化を超えて―』創成社、2011、元田結花『知的実践としての開発援助―アジェンダの興亡を超えて―』（東京大学出版会、2007年）、など。
（12）西川潤ほか編『開発を問い直す―転換する世界と日本の経済協力―』（日本評論社、2011年）。

(13)「持続可能な発展とは成長なき発展」だとしたH.E.デイリー著、新田功ほか訳『持続可能な発展の経済学』(みすず書房、2005年(原著 1996年))をはじめ、S.ラトゥーシュ著、中野佳裕訳『経済成長なき社会発展は可能か―〈脱成長〉と〈ポスト開発〉の経済学―』(作品社、2010年(原著 2004年))、J.デ・グラーフ・D.K.バトカー著、高橋由紀子訳『経済成長って、本当に必要なの?』(早川出版社、2013年(原著 2011年))。最近の日本での議論については、「特集「脱成長」への構想」『世界』2014年3月号、参照。
(14)阿部大輔・的場信敬編『地域空間の包容力と社会的持続性』(日本経済評論社、2013年)、広井良典『人口減少社会という希望―コミュニティ経済の生成と地球倫理―』(朝日新聞出版、2013年)。
(15)拙著『自己教育の論理―主体形成の時代に―』(筑波書房、1992年)、『新版 教育学をひらく―自己解放から教育自治へ―』(青木書店、2009年)、などを参照されたい。
(16)自然体験学習からESDへの展開については、降旗信一『ESD(持続可能な開発のための教育)と自然体験学習』(風間書房、2014年)、自然再生学習については、拙著『持続可能な発展の教育学』前出、第Ⅰ編参照。
(17)たとえば、碓井崧・松宮朝編『食と農のコミュニティ論―地域活性化の戦略―』(草元社、2013年)、内山節『共同体の基礎理論―自然と人間の基層から―』(農山漁村文化協会、2010年)、藻谷浩介・NHK広島取材班『里山資本主義―日本経済は「安心の原理」で動く―』(角川書店、2013年)。
(18)拙著『現代教育計画論への道程―城戸構想から「新しい教育学」へ―』(大月書店、2008年)、同『生涯学習の教育学』前出、終章。
(19)拙著『地域をつくる学びへの道―転換期に聴くポリフォニー―』(北樹出版、2000年)、同『持続可能な発展の教育学』前出、第7章を参照されたい。
(20)大熊昭信・庄司宏子編『グローバル化の中のポストコロニアリズム』(風間書房、2013年)、D.ハーヴェイ著、大屋定晴ほか訳『コスモポリタニズム―自由と変革の地理学―』(作品社、2013年(原著 2009年))、多元的・重層的な地域教育実践の理解については、拙著『持続可能な発展の教育学』前出、第Ⅱ部および第7章。
(21)拙著『生涯学習の教育学』前出、第Ⅱ章および第Ⅵ章を参照されたい。
(22)公害地域からの地域再生の事例としては、「環境モデル都市」へと再生した水俣市で展開された「地元学」にも注目すべきであろう。その手法は、地域の「あるもの探し」から始まる「調べる・考える・まとめる・つくる・役立てる」であり、まさに地域調査学習にはじまる「地域をつくる学び」そのものである。吉本哲郎『地元学をはじめよう』(岩波書店、2008年)、とくに2章、参照。

第一部

環境教育と開発教育の接点

第1章　ESDにおける環境教育と開発教育の融合
―環境教育における貧困・社会的排除問題、
開発教育論の位置づけ

櫃本　真美代

1　はじめに

　1980年代以降はグローバリゼーションの時代といわれ、商品、資本、人材、思想、情報などあらゆるものが国を越えて広がり、地球規模の市場経済、ネットワークを可能にさせた。それは一方で、独自性や多様性を失い、他者との違いを際立たせるための競争を加速させ、万人を保障すべき公教育でさえ学校間格差が広がり、教育の質や平等、公正が脅かされている（大野、2010）。このようなグローバリゼーションのもとで構造化された社会問題は、今度はそれが原因となって環境問題を生む。例えば、格差や貧困は住む場所や耕作地を求めて森林を伐採したり、都市に仕事を求めてスラム地域に多くの人が住み、ゴミが溢れ生活排水が垂れ流されたり、現金収入のため動植物の乱獲や密猟などの環境問題を引き起こすかもしれない。そしてこの環境破壊が原因となって、格差、貧困などの社会問題を引き起こす悪循環に陥っていく。この他にも、開発、人権、平和など地球的課題として取り上げなければならない問題は累積しており、個々の教育の範囲内で解決することは難しく、様々な教育のエッセンスを取り入れた持続可能な開発のための教育（ESD）が出現することとなる。

　ESDとは、環境教育や開発教育、人権教育、平和教育など地球的課題に対処する教育が個別のアプローチでは限界があり、相互に連携、乗り入れが必要となってきたこと、そしてどの教育も目指すところに持続可能な社会があるということ、から生まれた。一方で、環境・経済・社会をバランスよく総

第一部　環境教育と開発教育の接点

合的な視点をもって取り組むのがESDであるが、持続可能な社会そのものの土台には自然環境の保全は欠かせず、自然環境の質の悪化や自然破壊という「人と自然」の関係性に焦点を当てた狭義の環境教育を土台にして、格差、貧困、開発、人権、平和、公正などといった「人と社会」「人と人」の関係性を視野にいれた広義の環境教育、あるいは開発教育や、人権教育、平和教育などが積み重なったものがESDともいえる（阿部、2012）。

　このように環境教育が発展している中、2011年3月11日に東日本大震災が起こった。これにより、環境教育はこれまでの教育実践を反省し、日本環境教育学会が原発問題を題材にした教材の作成に至るなど、これまで議論されてこなかった社会問題に光を当て始めた。かつて、甚大な公害問題を引き起こし、環境だけでなく人や社会に多大なる影響を及ぼしたにも関わらず、公害教育から環境教育へとって変わられていく中で環境教育は自然との関係だけに収束してしまった。グローバリゼーションがもたらす社会問題の影響下、そして3.11以降の持続可能な社会を改めて問い直す今、「人と自然」という狭義の環境教育から「人と社会」「人と人」を考えた広義の環境教育を今一度考える必要があるのではないか。さらに、2005年に始まった「国連・持続可能な開発のための教育の10年（DESD）」も2014年に終わりを告げる。ポストDESDへと議論が高まっているが、ESDは環境教育をベースに他の教育を積み重ねるとしながらも、他の教育との位置づけについて具体的な議論はない。広義の環境教育、そして他の教育との位置づけについて整理することは、環境教育の更なる発展とESDの総括、そしてポストDESDに繋がっていくのではないだろうか。

　このような視点から、本章では広義の環境教育、すなわち環境教育における社会問題との関係性と、格差、貧困など地球的課題に取り組んできた開発教育との位置づけから、ESDについて考察していきたい。

第 1 章　ESD における環境教育と開発教育の融合

2　社会問題と教育の役割

　1995年、デンマークのコペンハーゲンで、貧困撲滅、雇用、社会的統合など広い範囲にわたる社会問題を取り上げ、人間中心の社会開発と社会正義の実現のために世界社会開発サミットが開催され、コペンハーゲン宣言とその行動計画が採択された（国際連合広報センター、1998；田中、2003）。ここでは「貧困は、すべての国において見られる」「国内的、国際的双方の領域に起源のある複雑な多分野にわたる問題」（国際連合広報センター、1998）とし、世界のあらゆる国々に影響を与えている深刻な社会問題として、緊急な取り組みが必要であるとされている。

　世界銀行[1]によれば、2005年時点の1日$1.25未満で暮らす発展途上国の貧困人口は14億人（4人に1人）であり、南アジアでは約6億人、サブサハラ・アフリカで約3億8,000万人、南アジアでは人口の40％、サブサハラ・アフリカは人口の50％もの人々が貧困にある。一方、貧困は今や発展途上国だけの問題ではなく、ホームレス、ネットカフェ難民、日雇い労働者、ワーキングプアなど、2013年時点でGDP世界第3位の日本で起こっている問題でもある。

　前述したように、発展途上国の貧困問題が環境問題に繋がっており、かつ南北問題の一側面として存在しているという事実は既に知られているが（中野、2000）、この双方の貧困は、今の社会システム、すなわちグローバリゼーションに原因がある。

　貧困や環境など、地球的課題に対する相互の関連性は、1990年代以降の国連・国際会議で認識されている（田中、2003）。1997年のテサロニキ宣言では、「貧困は、教育およびその他の社会サービスの普及をより困難にさせ、人口増加と環境破壊をもたらす。つまり、貧困の緩和は持続可能性のための本質的な目標であり、不可欠な条件」（阿部・市川ら、1999）であるとし、貧困と環境破壊の関連、そして持続可能性について言及している。2000年の国連

第一部　環境教育と開発教育の接点

　ミレニアム宣言[(2)]では、グローバリゼーションによる不均等を問題にし、貧困や環境など8つの目標（国連ミレニアム開発目標）が掲げられている。そして現代課題として、貧困の他に社会的排除の問題も考えなければならない。

　1970年～1980年代のヨーロッパ諸国で始まった社会的排除とは、貧困を代表に、社会から不当に閉め出されている人々、すなわち社会参加の欠如、ネットワークや連帯感などといった「関係」あるいは「資本」が不足していることを指し、「社会の中の個人を問う（人は社会を必要とする）と同時に、その社会そのものを問う（社会は人を必要とする）概念」である（岩田、2008）。グローバリゼーションによって情報やネットワークは拡大したが、それにアクセスできない人々は取り残され格差は益々広がり、不平等・不公正な社会構造による貧困や社会的排除が問題となるにつれ、社会そのものを問う人づくりとしての教育が注目されるようになる。それを裏付けるように1997年には、ドイツのハンブルクにおいて国際成人教育会議が開催され、ハンブルク宣言（社会教育推進全国協議会、2005）には、「人間中心の開発と参加型社会だけが、持続可能で公正な発展を導く」とされ、成人教育がその役割を果たすとされた。テサロニキ宣言でも、「環境教育は『環境と持続可能性のための教育』と表現してもかまわない」（阿部・市川ら、1999）とされ、2002年のヨハネスブルクサミットでESDが採択されるなど、貧困や環境、持続可能性のために教育が果たす役割について議論されている。

　他方、社会的排除を生涯学習の視点から論じている鈴木（2002）は、社会的排除が人々によって無意識的に受容され存在しているからこそ、そのような「排除の意識」を教育実践によって克服することが課題であるとする。そしてその主体は、「社会的に排除された人々自身であること」とし、かつてパウロ・フレイレが識字教育実践を通して被抑圧者の意識化を図った実践を重ねる。

　フレイレは、人間は生の営みの中で打開せねばならない障壁や障害に直面した際、打開のために行動を起こす者はその状況を批判的に知覚し、理解し

たからこそ行動するとする（アナ、2001）。これを鈴木（2002）は「社会的に排除された人々自身」が主体となる自己教育活動を通して意識変革されなければならないとする。抑圧者、排除者が自ら進んでその地位や力を手放すことはなく、被抑圧者、被排除者が自らの状況と抑圧者、排除者の意識をも変えていく力が必要であり、それが自己教育によって行われるのだ。

このように、社会問題における教育の役割が議論されている中、田中(2003)は、人類は貧困・人口・環境の「トリレンマ（三重の板挟み状態）」にあるとし、「これらの問題に対する認識を高めるためには、人口・貧困を扱ってきた開発教育と、環境問題を扱ってきた環境教育とが統一的に実践される必要性がある」と指摘する。矛盾した社会であるという認識とその社会を形成させる人々の無意識、無関心を克服するために、環境教育と開発教育を融合させた教育実践が必要なのだ。

環境教育と開発教育は、これまで異なる出自から異なる発展をしてきたが、「持続可能性」を中心に接近し始めている。そして、開発教育から環境教育への接近は、既に田中（2003；2008）によって行われているが、環境教育から開発教育へ接近した研究はない。次節では、このような問題に取り組むべき環境教育や開発教育を整理しESDとの関わりを議論したい。

3　環境教育における課題

日本の環境教育は、1960年～70年代に問題となった公害や自然破壊を機に始まった、開発の是非を問う公害教育と自然保護教育を源流としている（朝岡、2005a、降旗、2010）。その後、1992年の国連環境開発会議（地球サミット）での「持続可能な開発」概念、1997年のテサロニキ宣言を経て、公害や自然保護だけではなく、それを取り巻く社会現象を含めた広い概念として現在では捉えられている。しかしながら、貧困と環境が相互に関連があるとされながらも、環境教育で直接に貧困や格差など「人と人」「人と社会」の問題を扱う実践は少ない。さらに、日本では社会システムの変革を目指し政策

提言に関わるようないわゆる『政治教育』はタブー視され（新田、2003）、『市民教育』や『参加』などと言い換えたりしており（阿部・田中、2003）、環境問題の原因となる社会・政治・経済などの構造を把握しそれらを変えていくような教育実践も少ない。これまでの環境教育研究に関する批判は、今村・五十嵐ら（2010）が「多角的に持続可能な社会の構想が練られているとはいえ、環境教育の研究者による持続可能な社会像や文化像に関する先行研究は多いとはいえない」と述べているように、学会20年の到達点と展望（『環境教育』19巻1号と2号）を一つの節目としてそれ以降の日本環境教育学会の学会誌の論文や報告などを見ても、今村・五十嵐ら（2010）や鈴木（2010）によるバワーズ、イリイチ、フレイレなどからの環境教育論の批判的検討をはじめ、プロジェクト研究「グローバリゼーションのもとでの環境教育と開発教育」（日本環境教育学会、2012）や「東日本大震災・原発事故の衝撃をどう受け止めるか─環境教育研究の再構築に向けて─」（日本環境教育学会、2013）など数少ない。これは研究・実践報告の場である大会の要旨集を見ても同様であった。

　一方、自然体験学習が「生きる力」を育むとして学校教育や社会教育で推進され現在は環境教育の主流にもなっているが、新田（2003）は「〈感性〉や『共同性』の陶冶こそが、環境破壊に対する最大の〈予防療法〉に値するという」「『感性─共同性型アプローチ』を採用し」、「自然体験を通じた気づきから一挙に飛躍して、個人ごとにもしくはグループごとに、『環境四点セット』（ごみ・水・電気・買い物）の『環境行動計画』や『環境配慮指針』を提言する」など、「直接的な経験をそのまま一般化＝提言する発見的教授法（heuristics）を流布させ」、「現実的・運動的契機を切断しつつ、〈脱環境問題化〉した非政治的文脈において進展してきた」として批判し、こうした「閉塞状況を打開するために」、「学習者や市民の政策提言の力をエンパワーメントしていくための教育的なトレーニング」が必要であるとする。この他にも井上（1995）は、「環境」の概念から環境教育を概観して、環境教育は本来人間中心的であり、生じる場が自然環境であっても、その原因が人間活

第 1 章　ESD における環境教育と開発教育の融合

動という社会的な環境要素であるという視点を抜きにしてはならないと述べている。

このように、環境教育が自然だけでなくより人や社会に踏み込むことが求められている。特に、グローバリゼーションの影響下にある現在では、「グローバリゼーションに有効に対抗できない環境教育は実態からますます遊離し自ら空洞化していく」可能性があり、それを防ぐためにも「協同的・創造的・実践的で制度的な対抗戦略を内包した環境教育の体系が必要」である（新田、2002）。

しかしながら、公害や原発のような経済や政治の流れに相反するような環境問題の場合、しばしば社会的抑圧を被る。例えば、世界にその名を知られた水俣病において澤（2010）は、「原因はメチル水銀ではない」と批判した「東京大学の医学者」や、「被害者に対して『ニセ患者』と騒ぎ立て」た政治家など、「疎外された状況を肯定する世論や常識、科学、教育、マスコミ、政治といった…権威」による社会的矛盾の抑圧があるとする。それは、日本の公害・食害・薬害事件の被告側（チッソ・県・国など）のように、「行政活動・経済活動といった日本の社会的活動の一部では、基本的に他者への配慮を欠いており、市民を、消費者を、患者を、人間として尊重するという意識が低かったのではないか」としている（澤、2010）。そして、このような矛盾や抑圧した社会は、円滑な社会のために無意識化されており、「他者の疎外の肯定のうえにしか成立しないシステムに生かされている」社会として、〈シャカイ〉と呼ぶ（澤、2010）。ここにも、無意識の抑圧、排除の意識が問題となっている。

これらを踏まえ、東日本大震災を機に社会や経済、政治などのあり方に関心を持つ人々が現れ始めてきた今こそ、環境教育は現代課題、あるいは環境問題を引き起こす貧困や社会的排除の問題に取り組まなければならないのではないか。このような教育実践が抑圧されないような社会を作り上げていくことが、環境教育の今後の発展にも繋がるのであり、社会問題の認識、そして矛盾した社会を認識するような教育実践が求められている。もちろん、環

境教育も環境負荷の社会を変えるべく社会参画を促すことはしているが、前述したように政治や経済を変えるより、消費や節電など個人の意識や行動を変えたり、生態学・自然科学の技術的な管理・保全などの環境教育実践が多い。

これに対し日本環境教育学会はどのような展望を持っているのか。

「これまでの環境教育研究は、自然災害に対する備えや、大気や水の汚染の防止やエネルギー供給のあり方、原発の安全性に触れたものは多くあったが」、東日本大震災における原発事故のような「事態が生起しうるとの一部専門家による警告に着目し、その危険性に真正面から取り組むものはほとんどみられなかった。言い換えれば、科学技術社会に安住し、自然災害や放射性物質のリスクの軽視、原子力発電の安全性への過信、エネルギー大量消費社会への無反省が日本の中で行き渡ってきた中で、環境教育研究は、それを覆すには大幅に力が不足していたといわざるを得ない。このような反省の上にたち、これまでの環境教育に欠けていた点、不十分であった点（たとえば、目指すべき持続可能な社会の姿を具体化・共有化するプロセスや、それを実現する民主的意思決定のプロセスに参加する市民の育成など）を明らかにし、未来世代、抑圧された人々、物言わぬ生き物たちに対する責任のあり方を問う、新たな環境教育の理念の構築と実践に立ち向かう必要がある。」（日本環境教育学会、2013）

4　欧州を起源とする開発教育の目標とは

日本における開発教育には、欧州を起源とする「地球的規模の諸問題を理解し解決するための教育の1つで、南北問題、開発問題を理解し、解決のために参加する態度を養う」ものと、アメリカを起源とする「貧困状況にあるコミュニティや社会の変革を目指した教育、ないしは開発過程と教育の関係を探る学問、大学や機関が行うこれに関連したプログラムや援助活動などを含む幅広い分野」の2つがあり、一般的に前者を意味して用いられることが

多い（江原、2001）。

　1960年代に欧州や北米のNGOで始まった開発教育は、当初先進国の人々が、発展途上国で暮らす人々の生活を知り、貧困に喘ぐ人々の生活支援を促す『遠く離れた地域の、不可視的な情報を伝達する教育』であり、国際援助の必要性を訴えるものであった。日本でも1970年代初頭に始まり、当初は発展途上国の問題（特に貧困問題）を『知り』『自分たちにできることを考え』『行動する＝（国際協力）』という学習プロセスだった。しかし、80年代以降、先進国と発展途上国間にある開発、貿易、経済などの複雑な関係を抜きにして途上国の問題を解決することは難しく、先進国の人々がまず『行動する』前に自分たちの『価値観と生活を変える』ことが重要であるとの認識に至るようになる（山西・上條ら、2008）。

　2005年のEU首脳会議において、EU閣僚理事会・欧州議会・欧州委員会は、貧困の削減に向けていかに効率的に取り組むかを提示した政策文書「The European Consensus on Development（開発に関する欧州のコンセンサス）」を承認した。その際、「議会、政府、自治体、市民組織という4者による対話と協議のプロセスを経て作成された（湯本、2009）」補完文書「The Contribution of Development Education & Awareness Raising（開発教育と意識向上の貢献）（Multi-stakeholder group, 2008）」には、開発教育と一般人の意識向上が貧困の根絶と持続可能な開発に貢献するとしている。しかし、国によって様々な開発教育が行われていることから、欧州では開発教育を以下の3つに分類している（Developing Europeans' Engagement for the Eradication of Global Poverty, 2010）。

1．意識向上として、広い開発問題について公的に情報を普及すること。開発政策を背景とする。
2．グローバル教育として、グローバルな相互依存性に焦点をあて、南北問題などに関して責任ある行動を獲得していくこと。最近のグローバリゼーションを背景とする。

3. ライフスキルの強化として、個々や地域の問題と関わる地球社会の生活に必要とされる個々のエンパワーメントに焦点を当てること。地域コミュニティや世界社会を背景とする。

一方、現在日本の開発教育を主導する特定非営利活動法人開発教育協会では、開発教育は『私たちひとりひとりが、開発をめぐる様々な問題を理解し、望ましい開発のあり方を考え、共に生きることのできる公正な地球社会づくりに参加することをねらいとした教育活動』であると定義している（特定非営利活動法人開発教育協会、2004）。そして、そのための教育目標に以下の5項目をあげる（田中、2003）。

1. 開発を考えるうえで、人間の尊厳性と尊重を前提とし、世界の文化の多様性を理解すること。
2. 地球社会の各地に見られる貧困や南北格差の現状を知り、その原因を理解すること。
3. 開発をめぐる問題と環境破壊などの地球的諸課題との密接な関連を理解すること。
4. 世界の繋がりの構造を理解し、開発をめぐる問題と私たち自身との深い関わりに気づくこと。
5. 開発をめぐる問題を克服するための努力や試みを知り、参加できる能力と態度を養うこと。

このように、開発教育は「南北問題に限らず環境、人権、多文化共生などを含む地球的課題の総合的理解と、その解決に向けて参加することのできる市民の育成」を目標としている（田中、2008）。

5　環境教育と開発教育の実践的統一 ── その可能性と展望

　以上を踏まえ、環境教育が抱える課題に対し、開発教育が行ってきた貧困を含む地球的課題の理解とその原因の構造的・社会的矛盾の理解を位置づけることにより、自然環境の保全をベースにしながら、全ての人に平等で公正な社会とは何か、そしてそのような社会を作るためにできることは何か、より社会との関連を考え実践する機会を与えることができる。それは、環境教育に開発教育を融合させた教育実践が、今まで環境教育に不十分であったとされる持続可能な社会の具体的な姿や具現化のためのプロセス、そしてそれを実現する市民の育成に寄与することを意味しており、さらにはESDの一つとして考えられるものである。

　一方、ESDを積極的に推進しているのは、その出自から考えて環境教育研究者が多いが、開発教育研究者の中には、これまでの開発教育実践とESDとは何が異なるのか、戸惑いがみられるという（田中、2008）。それは、南北問題を理解する上で、世界の社会や経済を把握する必要があるだけでなく、貧困や開発と環境とは関連があると指摘されていることから、環境だけに特化してしまった環境教育に比べて目新しさがないのかもしれない。しかし、環境教育が行っているような①自分事として捉えるために、自分の足元である地域の問題に目を向ける、②自然体験を通して五感や感性が発達する一方で科学的な思考をも育む、③人間の生存は自然の上に成り立つという当たり前を再確認するなど、地域や自然からのアプローチが開発教育では不十分であると筆者は考えており、開発教育に環境教育を融合させた教育実践がよりESDに近いと考える。

　このように、環境教育の立場から開発教育をヒントに、2つが融合することで環境教育の課題が克服でき、かつそれが持続可能な社会を模索するESDに成り得ると想定して話を進めてきた。ESDの出現は既存の教育に持続可能性に向けて取組む機会を持たせたと同時に、持続可能性を目指すようになっ

第一部　環境教育と開発教育の接点

た既存の教育とESDとの違いをあいまいにさせることになったかもしれない。しかし、様々な教育が積み重なった点だけをESDとするのではなく、いくつもの融合させた教育、さらには個々の教育が、持続可能な社会という点に向かう過程をESDと考えるのであれば、このあいまいさは解消するであろう。ESDの定義や内容について様々な意見がある中、ESDを持続可能な社会を目指す運動と捉える意見もあり、筆者もこれに同意するものである。

　かつて教育と運動との関係を述べた枚方テーゼ[3]を例にしてESDを述べるならば、持続可能な社会を目指す運動には、主体性を持った参加者が必要であり、それは度重なる学習の積み上げによって主体性を持ちえ、かつ運動も発展しながら支えられている。すなわちその学習とは、環境教育や開発教育をはじめ、人権教育、平和教育などを含むESDであり、持続可能な社会を目指す運動にはESDが必要不可欠であるということを示している。

　今後を展望するにあたり、これまでを振り返ってESDの積極性、あるいは限界を述べるならば、ESDと提起したことにより、持続可能な社会とは何か、どのような教育であれば持続可能な社会に向かうことができるのか、一定の理解を得ることができ、ESD実践と認知されることによる実践の意義の再確認や価値付けに大いに貢献したことが考えられる。一方、10年間の歳月を経ても未だに認知度が低く、大きな市民運動に発展することも制度化もしないまま終わりを告げようとしているESDは、持続可能性を考える起爆剤にはなったが社会変革は容易ではないということを至らしめた。ESDや持続可能な開発という言葉や内容への抵抗感や難しさ、環境教育や開発教育同様に単一の教科ではないため、学校や教員次第、かつ幅広い分野に対応せざるを得ないなど、様々な原因があるだろう。しかし、そもそも教育には社会を変える力があるのだろうか。朝岡（2005b）は、イリイチ・フレイレの対話から、社会（もしくは権力）によって生み出された教育（特に学校教育）の本質的な機能は、社会によって変革を許容されたものの維持にあるとする。すなわち、教育の目的が教育基本法第１条にもあるように、人格の形成であって社会を変革する手段には成り得ないのならば、環境教育や開発教育、そして

第 1 章　ESD における環境教育と開発教育の融合

ESDに求められていることは、社会そのものを問う学習環境をいかに整え、支援し、維持していくのかにあるのではないだろうか。

6　おわりに

　政策としてのDESDは2014年に終わりを告げるが、持続可能な社会を模索する運動は今後も続けていかなければならず、そこには必ずESDがある。しかし、経済成長優先の安倍政権が発足し、環境や社会をも優先したESDにとっては非常に厳しい時代を迎えたことになる。DESD後のESDが果たして維持できるかどうか、2014年11月に行われる最終会合に向けたESD実践者・研究者の今後の具体的な提案に注目したい。

注
（1）ウェブ「世界銀行ホームページ」http://web.worldbank.org/WBSITE/EXTERNAL/NEWS/0,,contentMDK:21881807~pagePK:64257043~piPK:437376~theSitePK:4607,00.html/（2013年10月18日最終確認）
（2）ウェブ「外務省ホームページ」http://www.mofa.go.jp/mofaj/kaidan/kiroku/s_mori/arc_00/m_summit/sengen.html/（2013年11月24日最終確認）
（3）1963年、大阪府枚方市教育委員会における社会教育の理念に、「参加者の自主性こそ運動の前提であり、参加者がすべて主体的な担い手となっていくことが運動の原則であり」、「運動の中で参加者自らの自己相互教育を行うことにより、目標を明確にし主体的な担い手として理論と実践の統一をはか」るとある。そして「運動は学習を要求し、学習は運動において不可欠」であるとした（社会教育推進全国協議会、2005年：162）。

引用文献
阿部治・市川智史・佐藤真久・野村康・高橋正弘「『環境と社会に関する国際会議：持続可能性のための教育とパブリック・アウェアネス』におけるテサロニキ宣言」（『環境教育』8巻2号、1999年）72～73ページ。
阿部治・田中治彦「対談：持続可能な開発のための学びをどう創るか　開発教育と環境教育の連携協力に向けた課題と展望」（山田かおり編『持続可能な開発のための学び　別冊「開発教育」』特定非営利活動法人開発教育協会、2003年）8ページ。

第一部　環境教育と開発教育の接点

阿部治「序章　持続可能な開発のための教育（ESD）とは何か」（佐藤真久・阿部治編『持続可能な社会のための環境教育シリーズ［４］ESD入門』筑波書房、2012年）11～14ページ。

アナ・マリア・アラウジョ・フレイレ「巻末注　注１」（パウロ・フレイレ著／里見実訳『パウロ・フレイレ　希望の教育学』太郎次郎社、2001年）284ページ。

朝岡幸彦「第１章　環境教育とは何か～目的・概念・評価」（朝岡幸彦編『新しい環境教育の実践』高文堂出版、2005年a）22ページ。

朝岡幸彦「グローバリゼーションのもとでの環境教育・持続可能な開発のための教育（ESD）」（『教育学研究』72巻４号、2005年b）530～543ページ。

Developing Europeans' Engagement for the Eradication of Global Poverty, *European Development Education Monitoring Report "DE Watch"*, 2010, p.7.

江原裕美『開発と教育　国際協力と子どもたちの未来』（新評論、2001年）14ページ。

降旗信一「環境教育研究の到達点と課題」（『環境教育』19巻３号、2010年）84～85ページ。

今村光章・五十嵐有美子・石川聡子・井上有一・下村静穂・杉本史生・諸岡浩子「バワーズの『持続可能な文化に向けての環境教育』論の批判的検討」（『環境教育』19巻３号、2010年）3～14ページ。

井上美智子「保育と環境教育の接点—環境という言葉をめぐって—」（『環境教育』４巻２号、1995年）27ページ。

岩田正美『社会的排除　参加の欠如・不確かな帰属』（有斐閣、2008年）17～39、49ページ。

国際連合広報センター「コペンハーゲン宣言及び行動計画　世界社会開発サミット」（1998年）36～37ページ。

Multi-stakeholder group, *The European Consensus on Development: the contribution of Development Education & Awareness Raising*, European Commission, 2008, p.5.

中野洋一「発展途上諸国の貧困と環境破壊に関する一考察」（『アジア・アフリカ研究』第357号、2000年）32ページ。

日本環境教育学会編「〈特集〉プロジェクト研究『グローバリゼーションのもとでの環境教育と開発教育』（『環境教育』21巻２号、2012年）3～30ページ。

日本環境教育学会編「特集　東日本大震災・原発事故の衝撃をどう受け止めるか—環境教育研究の再構築に向けて—」（『環境教育』22巻２号、2013年）46～98ページ。

新田和宏「環境教育が直面する最大の課題—グローバリゼーションと持続不可能な社会—」（『環境教育』11巻２号、2002年）24ページ。

新田和宏「持続可能な社会を創る環境教育」（山田かおり編『持続可能な開発のための学び　別冊「開発教育」』特定非営利活動法人開発教育協会、2003年）24、

27~29ページ。
大野亜由未「第3章 グローバル社会における公教育の責任」(広島市立大学国際学部国際社会研究会編『多文化・共生・グローバル化―普遍化と多様化のはざま―』ミネルヴァ書房、2010年) 61~91ページ。
澤佳成『人間学・環境学からの解剖 人間はひとりで生きてゆけるのか』(梓出版社、2010年) 90、189、192ページ。
鈴木敏正『社会的排除と「協同の教育」』(御茶の水書房、2002年) 490ページ。
鈴木敏正「イリッチ／フレイレの思想と環境教育論―社会教育学的視点からの捉え直し―」(『環境教育』19巻3号、2010年) 29~40ページ。
社会教育推進全国協議会編『社会教育・生涯学習ハンドブック第7版』(エイデル研究所、2005年) 135、162ページ。
田中治彦「『持続可能な開発のための教育』とは何か 予備的考察」(山田かおり編『持続可能な開発のための学び 別冊「開発教育」』特定非営利活動法人開発教育協会、2003年) 12、15~19ページ。
田中治彦「序論2 これからの開発教育と『持続可能な開発のための教育』」(山西優二・上條直美・近藤牧子編／(特活)開発教育協会企画『地域から描くこれからの開発教育』新評論、2008年) 17~36ページ。
特定非営利活動法人開発教育協会編『開発教育ってなあに？―開発教育Q＆A集[改訂版]』(特定非営利活動法人開発教育協会、2004年) 4ページ。
山西優二・上條直美・近藤牧子編／(特活)開発教育協会企画『地域から描くこれからの開発教育』(新評論、2008年) iiページ。
湯本浩之「欧州の開発教育の現状と課題 政策文書『欧州開発コンセンサス：開発教育と意識喚起の貢献』を手がかりとして」(『立教大学教育学科研究年報』53号、2009年) 49ページ。

第2章　開発教育から見た環境教育の課題
　—DESD後の協働の可能性と必要性

田中　治彦

1　はじめに

　環境教育は1960年代に主に先進工業国で起きた公害、環境破壊の問題に対応する必要に迫られて成立し発展した教育活動である。一方、開発教育はやはり1960年代に顕著になった北側の先進工業国と南側の開発途上国の経済格差とそれがもたらす諸問題をテーマとした教育活動である。両者はその用語からしても疎遠であったが、1992年にリオデジャネイロで開かれた地球サミットにおいて「持続可能な開発」の概念が国際的な公約となり、さらに2002年のヨハネスブルグ・サミットで「国連・持続可能な開発のための教育の10年（DESD）」が提唱されるに至り、協働してESDを進めるように期待されることとなった。

　本章は開発教育の立場から現在の環境教育の課題を明らかにすることをねらいとしているが、まず2節で1980年代以降の開発教育の展開のなかで、環境問題や環境教育がどのように位置づけられたかを歴史的に追ってみたい。続く3節で、開発教育の立場から現在の環境教育に対する疑問や課題さらに期待を述べることとする。最後に、今後の開発教育と環境教育との協働の必要性について言及する。

2　開発教育にとっての環境問題

（1）熱帯林問題と開発教育—1980年代

　日本で開発教育が始まったのは1980年に東京と栃木で行われた開発教育シ

ンポジウム以来である。その2年後には開発教育協会（DEAR、発足当時の名称は開発教育協議会）が結成された。当時のDEARのメイン・テーマはアジアの貧困と国際協力であった。

　DEARが始めて意識した環境問題は熱帯林であった。1987年5月に発行されたDEARの機関誌『開発教育』の特集は「地球規模の環境問題」である[1]。6本の特集論文の内3本が熱帯林に関する記事であり、1本が野生生物、2本は実践報告である。「熱帯林と地球規模の環境問題」と題する馬橋憲男（国連広報センター）の論文によれば、熱帯林は20世紀に入って40％が失われ、年間1,130万haの面積分が消失している。森林破壊の原因は、農地の拡大、燃料としての使用、牧畜、商業伐採などである。特に、商業伐採では日本は世界で流通している熱帯木材の42％を当時輸入しており、東南アジアの熱帯林減少に重大な責任があるとされた。

　この時期、使い捨ての「割り箸」が問題として取り上げられ、熱帯林保護のための具体的な行動として、割り箸の使用をやめる運動などもおきていた。特集には船津鶴代による「「割り箸」から見える南北問題」という記事がある。そこでは、割り箸が熱帯林破壊の主因ではないことがデータをもとに語られ、さらに北海道での現地調査をもとに、国内林業の衰退の原因を考察している。割り箸は間伐材の有効利用であり、零細の木材加工業者を支えていて、簡単に「割り箸反対」とは言えないこと、問題の複雑性がより認識されたこと、が結論として述べられている。この記事には、後に開発教育が国内問題と国際問題とをつなげて考える契機が示されている。

（2）地球サミットからハンブルグ宣言へ——1990年代

　開発教育が本格的に環境教育との連携を意識したのは1992年の国連環境開発会議（地球サミット）であろう。1993月6月に発刊された『開発教育』24号の特集は「環境教育と開発教育」である[2]。本号には「環境教育における環境問題学習の課題」「環境教育指導資料（文部省）にみる開発教育の視点」「出発点としての地球サミット」「地域で実践する〈環境と開発〉の調和」の

第2章　開発教育から見た環境教育の課題

4本の論文が収録されている。さらに1994年7月発行の第27号でも「サステイナブル・ソサエティにむけて」という特集があり、4本の論文と2本の資料・文献紹介の記事が掲載されている(3)。地球サミットは、環境問題と開発問題、あるいは環境教育と開発教育との統合という課題を提起した。そのキーワードが「持続可能な開発」であった。

1990年代には、地球的な諸課題の相互関連性を意識させる以下のような国際会議が開かれた。

① 1990年　万人のための教育世界会議（タイ、ジョムティエン）
② 1992年　国連環境開発会議（リオデジャネイロ）
③ 1993年　世界人権会議（ウィーン）
④ 1994年　国連人口開発会議（カイロ）
⑤ 1995年　世界社会開発サミット（コペンハーゲン）
⑥ 1995年　第4回世界女性会議（北京）
⑦ 1996年　第2回国連人間居住会議（イスタンブール）

1997年7月にはドイツのハンブルグで第5回国際成人教育会議（ユネスコ主催）が開催された。ここで採択された「成人学習に関するハンブルグ宣言」はこの7つの国際会議における宣言や行動計画を実現すべく成人教育の課題を明らかにしたものである(4)。

ユネスコは1997年12月に、ギリシャのテサロニキにおいて「環境と社会に関する国際会議―持続可能性のための教育と意識啓発」をテーマに会議を開催した。その最終文書である「テサロニキ宣言」では、「環境教育を『環境と持続可能性のための教育』と表現してもかまわない」（第11節）と記している(5)。そして、「持続可能性という概念は、環境だけではなく、貧困、人口、健康、食糧の確保、民主主義、人権、平和をも含むものである。最終的には、持続可能性は道徳的・倫理的規範であり、そこには尊重すべき文化的多様性や伝統的知識が内在している」（第10節）と述べられている。ここで

49

も環境と他の地球的課題との深い関連性が強調されている[6]。

ハンブルグ成人教育宣言を受けて、日本においては環境教育、開発教育、人権教育、ジェンダー教育などの関係者が集まって「未来のための教育推進協議会（ef＝Education for the Future Japan）」が結成された。efは独自のスタッフや財源をもたなかったために、効果的な活動は十分できなかったが、それでも『市民による生涯学習白書』と『NGO/NPOキャンペーンハンドブック』の２冊の出版物を発行した[7]。2002年当時の共同代表は阿部治（環境教育）、田中治彦（開発教育）、笹川孝一（人権教育）、国信潤子（ジェンダー教育）の４氏であり、これらの人的ネットワークがその後、ESDの日本での組織化に大いに寄与した。

（３）国連ESDの10年―2000年以降

DEARは「国連・持続可能な開発のための教育の10年」に関して、「国連・持続可能な開発のための教育の10年開始にあたって―DEARのESDに対する認識・基本姿勢」とする文書を2005年６月に発表した。そして以下の３点を重点目標とした[8]。

① 地域においてESDを推進すること。とりわけ地球サミット以来各自治体で策定された「ローカル・アジェンダ」を見直し、環境のみならず多文化共生を含めたまちづくりのための新たな行動計画の策定を促すこと。
② 地域における一組織（アクター）としての学校の役割を見直し、教育専門機関として地域との連携の中でESDおよび開発教育の推進を促すこと。
③ アジア太平洋地域におけるESDの推進に協力すること。

これらの目標はどこまで達成されただろうか。DEARでは2010年５月に、ESDの10年計画について中間評価を行っている[9]。それによれば、

・地域におけるESDの実践については、ローカル・アジェンダに代わる地域

計画の策定を目標に掲げたが、それは行われていない。その代わりに、全国のいくつかの地域で、地域課題にDEARないし関係者が関わり、地域課題の解決に向けた取り組みが行われている。また、地域に関わるファシリテーターの役割とその養成に関する検討がなされている。
・学校におけるESDの実践については、地域と学校との連携のもとでのESD実践が目標として掲げられた。これについては「ESD・開発教育のカリキュラム」が策定されて、今後の実践の方向性が明らかになった。
・アジア太平洋地域のESD実践への協力については、マレーシア、タイの関係者との協力や交流が行われた。グローバリゼーションのもとでの地域開発の課題を明らかにするに当たって、DEARの教材が有効であることが明らかになった。
・ESDに関連した開発教育の出版が進み、開発教育の立場からのESDの取り組みの方向性が明らかにされつつある。

として、「ESDの10年の前半5か年の取り組みは、概して良好であり、着実に成果を上げていると言うことができる。」と結んでいる。

この時期、DEARの大きな成果であるESD・開発教育のカリキュラムは「地域を掘り下げ、世界とつながるカリキュラム」という特徴をもっている。カリキュラムの構造は図2-1のとおりである[10]。

まず「①地域を掘り下げる」観点であるが、地域を調査する手法としてはアクション・リサーチがある[11]。ここにおいて大切な観点は、第一に実際に地域を歩いて課題を発見すること、第二に、地域が抱える問題点だけではなくその地域の「良さ」を見出すこと、第三に、「地元の目」と「外部の目」の双方の視点をもつこと、である。

「②人とつながる」観点は「①地域を掘り下げる」観点と表裏一体と言ってもよい。なぜなら、地域を掘り下げるためには、外部（学習者）の視点だけでなく、内部（地元の人）の視点が必要だからである。また公共政策に関連するテーマの場合、行政の担当部局へのヒヤリングや、その問題を扱って

図2-1 地域を掘り下げ、世界とつながるカリキュラム

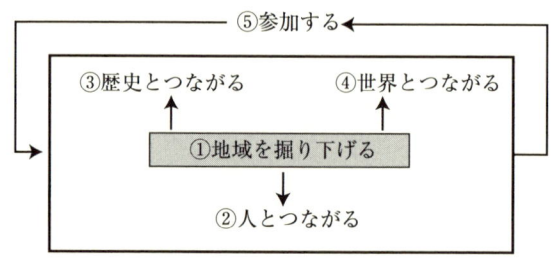

```
        ⑤参加する
    ┌─────────────────────────┐
    │                         │
    │  ③歴史とつながる    ④世界とつながる  │
    │         ↑         ↑         │
    │     ①地域を掘り下げる          │
    │         ↓                   │
    │     ②人とつながる             │
    └─────────────────────────┘
```

出典：開発教育協会『開発教育で実践するESDカリキュラム』
（2010年）、44ページ。

いるNGO・NPOや個人など民間セクターへのヒヤリングも欠かすことはできない。

「③歴史とつながる」も、人とのつながりの延長線上で考えられる。「歴史」というと多くの生徒にとっては暗記するだけで、自分とは直接関わりのない世界と思われている。しかし、地域や年長者の具体的な話を聞くことで、歴史がより身近かなものとなり、歴史に対する見方も変わってくるであろう。

「④世界とつながる」視点は開発教育の大きな特徴である。世界へのつながり方は、以下のような4点にまとめられる。

(a) 地元に外国人がいる。例えば、地元に住んでいる在住外国人や難民など。
(b) 地域の問題が世界につながる。例えば、TPPによる貿易や関税の自由化と、地元の農業や地場産業との関係、など。
(c) 外国の問題と比較対照する。例としては、日本のホームレスの問題とバングラデシュのストリート・チルドレンの問題を比較して考える、など。
(d) グローバルな課題を扱う。例えば、難民問題、地球環境問題、などグローバルな課題と自分たちとのつながりを考える。

ESDカリキュラムは、最終的には「⑤参加する」ことが目標となる。児童・生徒の参加を促すためには、まず自分が発言したことや行動した結果が社会に影響を与えることができるという「効力感」をもつことが大切である。効

力感とは、何をしてもしょせん世の中は変わらないという「無力感」の反対語である。そして、社会に何らかの働きかけをするためのスキルも必要となる。それは、ヒヤリングする力、発言する力に始まり、社会のさまざまなリソースを活用する技能までさまざまである。最後に学習成果の発表会を行い、児童・生徒どうし、そして地域の大人や行政に対して学習成果を報告し、よりよい社会に向けての具体的な提案を行うことは有益な方法であろう。このプロセスをとおして、児童・生徒たちは社会に働きかけるためのさまざまなスキルを身につけることができる。それこそが今後推進されるべき市民教育であるということができる。

　開発教育はもともと開発途上国が抱える課題を理解し、国際協力の意識を高めるところから始まっている。2010年開発教育・ESDカリキュラムは「地域を掘り下げる」ことをまず考えていて、日本の開発課題と世界の問題をつなげるところに主眼をおいている。これはESDが開発教育に与えた大きな影響であろう。また、これにより開発教育と環境教育は「地域課題」を通して直接つながることになるのである。

3　開発教育からみた環境教育の課題

　この節では、環境教育の「環境論」「開発論」「学習論」について、開発教育の観点からいくつかの疑問や今後への期待について述べてみたい。

(1) 環境教育の「環境論」

　環境教育にとって「環境」はキーワードであり広汎な議論がなされているので、ここではあくまで開発教育と関連することに絞って考えてみよう。環境問題を理念的哲学的に考察する分野に「環境倫理学」がある。そこでは、環境破壊が先進国において急激に進行した1960年代以来、「自然は人間の手で管理し改造しうる」とした西洋近代文明の根底にある「人間中心主義」が批判されてきた。そして、それを克服する「人間非中心主義」の構築に努力

第一部　環境教育と開発教育の接点

が傾けられてきた。人間非中心主義には、パトス中心主義、生命中心主義、生態系中心主義、などがある[12]。

　この内、生態系中心主義においては、人間も含めてすべての生物やもの（土、水、光など）は相互に依存関係にあり、生態系全体の良好さや健全さが道徳的価値をもつと考える。そこにおいて人間は他の生物と同等であり、全体の一部を成している。それ故、個体の存在よりも全体の存在の方が優先される全体論主義（ホーリズム）の立場に立つ。生態系中心主義の議論は、人間を超える価値として生態系を置いていて、宗教やイデオロギーに似た論理構造をもつ。そのため、人間の上位の価値として生態系の優位性を押しつけることになると「全体主義」「環境ファシズム」というような批判を浴びることになりかねなかった。

　1990年代に入って人間非中心主義は第三世界やマイノリティの人々から批判されることになる。アメリカのルイジアナ州における有害廃棄物・排気ガスの被害者の多くが差別されたアフリカ系アメリカ人（黒人）であり、アリゾナ州のナバホの保留地ではウラン鉱山の採掘が原因で先住民（インディアン）が健康をむしばまれた。また、先進国で行われている野生生物の保護区域の設定を開発途上国にそのまま持ち込むことは、その地で農耕生活を営んでいる現地の人々を排除し生活をいっそう困窮させることにつながる。

　こうして、環境破壊が、差別と政策上の不正義に根ざしていることが認識されるようになり、「環境正義」の考え方が出てくる。開発教育はもともと途上国の貧困や貧富の格差を課題としていて、こうした考え方の方により親和性がある。そこで扱われる環境問題はあくまで人間社会にとっての環境であり、基本的に「人間中心主義」であると言うことができる。

　ここに「環境」をめぐって環境教育と開発教育との基本的な差異をみることができる。ただし、環境教育の関係者すべてが人間非中心主義に立脚しているわけではない。近年は、両者を対立させる議論自体を「不毛」なものとして、個別具体的な状況に関係者全員を巻き込んで、いかに対応するかを考える「環境プラグマティズム」の考え方も出てきている。

（2）環境教育の「開発論」

　環境教育において「開発」という用語は長らく「天敵」であった。なぜなら、1960年代以来の環境破壊をもたらした元凶は「経済開発」であり「国土開発」であり、「日本列島改造計画」（田中角栄首相の提唱）であったからである。そのため南北問題の理解という意味で使用された「開発」教育に対しても、環境教育はしばらくは距離を置いていた。開発ないし開発教育に対して関係をもたざるを得なくなったのが、地球サミットで国際的な合意を得た「持続可能な開発」の概念であり、ヨハネスブルグ・サミットで提唱されたESD（持続可能な開発のための教育）である。

　しかしながら、その後も環境教育関係者が「開発」を正面から語ることはほとんどなかった。日本環境教育学会が2013年に発刊した『環境教育辞典』には、開発関連の用語が4項目掲載されている[13]。それらは「「開発」と「発展」」（井上有一）、「持続可能な開発」（佐藤真久）、「内発的発展」（田中治彦）、「ミレニアム開発目標（MDGs）」（田中治彦）である。井上による「開発」と「発展」の項目は、ESDに関連してdevelopmentをいかに訳すかについての解説であり、開発の理論や開発問題の内容に関する説明ではない。すなわち、『環境教育辞典』では開発問題については、ESDに関連した最小限の項目を採用して解説したにとどまっている。

　しかしながら、環境教育が環境問題を扱い日本や世界の将来のあるべき社会像を考えるときに「開発問題」を避けて通ることはできない。福島第一原発事故以後、原発にどう向き合うのか、将来のエネルギー問題をどのように考えるのかは、環境教育にとっても大きな課題である。ただし開発という用語そのものは使用していなくても、環境教育の文献には「あるべき社会像」が描かれていることは多い。例えば「社会的公正と存在の豊かさを求めて」という副題をもつ『環境教育学』（井上有一・今村光章編）である[14]。

　同書のすべての筆者は、現在までの日本の近代化過程や大量生産・大量消費社会に対して否定的である。また、意図的計画的に問題解決を探る従来型

第一部　環境教育と開発教育の接点

の環境教育に対しても批判的である。ところが、「持続可能で公正な社会をめざして」と題される第Ⅰ部に所収されている4つの論文と、「第Ⅱ部　共にいまを生きる豊かさを求めて」に含まれる4つの章とでは「あるべき社会」や「開発」についてのイメージに若干ずれがある[15]。

　すなわち、第Ⅰ部では「オルターナティブな開発（社会）」が模索されていて、それは社会的公正に根ざした開発であるという点で、開発教育の多くの関係者がめざすところと共通性の高いものである。ところが第Ⅱ部の各章がめざしている価値は、「近代」そのものの否定であったり、近代化の中で人々が忘れて隅に追いやった価値である。これを開発論でいうならば「脱開発」の考え方である。開発教育においても「脱開発」論は注目されていて、セルジュ・ラトゥーシュの『経済成長なき社会発展は可能か？』を参考にしたり[16]、インドのラダック地方での実践やブータンの「国民総幸福」の考え方に関心が集まっている。しかしながら、それらを目指した開発教育の実践となると、前近代的農村社会をモデルとした脱開発の方向性についてはさまざまな疑問や不安も同時に生じていて、開発教育の主流となるには至っていないのが現状である。

　環境教育としても、あらゆる開発を認めることはできないのか（脱開発）、あるいは一定の開発（オルタナティブな開発）は容認せざるを得ないのか、という議論に今こそ立ち向かう必要があるであろう[17]。

（3）環境教育の「学習論」

　ESDを構成する教育活動として、当初環境教育、開発教育の他に平和教育、人権教育、多文化教育、ジェンダー教育などが想定されていた。これらの教育活動が相互関連性をもつに至った事情はすでに第2節で述べた。これらの教育活動のテーマをさらに詳しくみてみると、環境教育とそれ以外の教育との違いに気づく。すなわち、環境教育以外の諸教育活動は詰まるところ「人権」教育といってもよい。その対象となっているのは、「南」の貧しい人々、難民など紛争被害者、被差別者、マイノリティ、女性など、多数者に対して

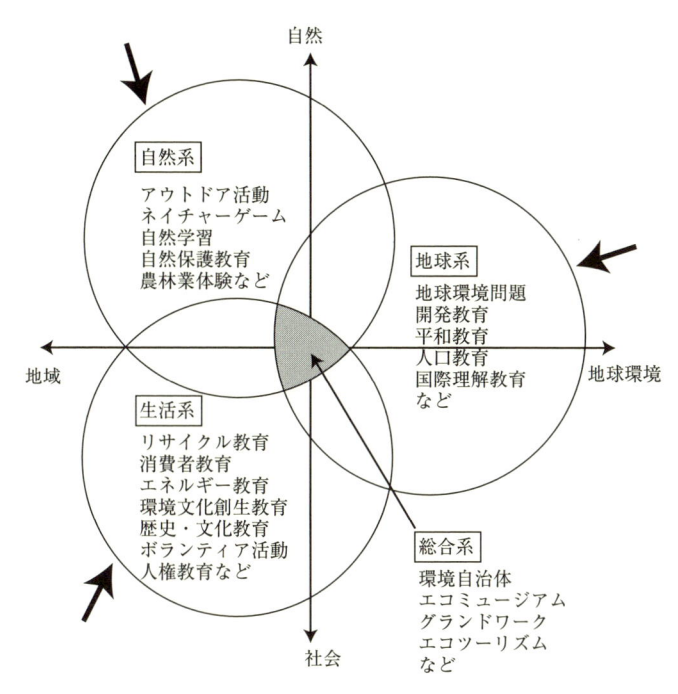

図2-2 環境教育の実践体系

```
                       自然
                        ↑
        ┌─────────┐
        │ 自然系  │
        │ アウトドア活動
        │ ネイチャーゲーム
        │ 自然学習     ┌─────────┐
        │ 自然保護教育 │ 地球系  │
        │ 農林業体験など│ 地球環境問題
        │              │ 開発教育
        │              │ 平和教育
 地域 ──┼──────────────┼── 人口教育 ── 地球環境
        │              │ 国際理解教育
        │ 生活系       │ など
        │ リサイクル教育
        │ 消費者教育
        │ エネルギー教育
        │ 環境文化創生教育
        │ 歴史・文化教育
        │ ボランティア活動 ┌─────────┐
        │ 人権教育など    │ 総合系  │
        └─────────┘ 環境自治体
                          エコミュージアム
                          グランドワーク
                          エコツーリズム
                          など
                        ↓
                       社会
```

出典：阿部治「『持続可能な未来』を拓こう」『季刊エルコレーダー』第12号、2002年10月。

人権を奪われた「被害者」ないし「弱者」である。環境教育以外は「人間中心主義」であることは言うまでもない。

　これに対して環境教育のテーマは何であろうか。阿部は、かつて環境教育を「自然系」「生活系」「地球系」「総合系」に分類した。（**図2-2**）この内、地球系は開発教育、平和教育をはじめ上記のような諸教育活動を含んでいる。生活系には、リサイクル教育、消費者教育、エネルギー教育など分類される。さらに自然系は、自然保護教育、農林業体験、ネイチャー・ゲームなどが例示されている。

　これらの環境教育の広がりのなかで、地球系と生活系の環境教育の学習論は開発教育など他の教育活動と共通する要素が多い。**図2-1**に開発教育が提

第一部　環境教育と開発教育の接点

唱している「地域を掘り下げ、世界とつながるカリキュラム」を示したが、このカリキュラム構造は地球系、生活系にも通ずるものである。しかし、**図2-1**のカリキュラムは自然系には必ずしも通用しない。なぜなら、自然系の環境教育は「人間と自然との関係性」を課題としているからである。そこには人間非中心主義の理念や生態系の概念を持ち込まねばならない。ここのところに環境教育が他の教育活動とは違うユニークさを主張すべき点がある。環境教育にとって固有と思われる教育論・学習論をいくつか上げておこう。

　ひとつは「感性」である。レイチェル・カーソンは『センス・オブ・ワンダー』のなかで、自然に対する驚き、神秘さ、畏敬の念は幼少期から養われる必要がある、と述べている[18]。人間が大自然の中ではほんのひとつの種にすぎないという感覚を育てることは環境教育の出発点と言ってもよいであろう。開発教育においても感性は大切であるが、この場合は弱者、非抑圧者に対する「共感」が重視される。

　二つ目は生態系の理解である。生態系は環境教育の中心的なテーマである。公害や地球温暖化の問題を考える際には、近代化以降の文明が循環性を無視して汚染を広め、環境悪化を招いたことが理解されねばならない。また、それによって種の多様性が失われたことも知る必要がある。「循環性」と「多様性」の理解が中心的な課題となる。開発教育には「循環性」の概念には乏しく、また多様性は「文化・民族・言語の多様性」として理解されている。

　三番目は環境教育のみのテーマではないが、とりわけ強調しておきたいのが、「参加」である。問題解決に向けて参加する態度をいかに育てるかは、ESD全体に共通した課題である。学習者自身が社会に目を向け、それによって自己のアイデンティティをより確かなものにし、無力感ではなく「効力感」を体得して、現在と将来の社会参加を準備する、というような学習過程を想定したい。

第2章　開発教育から見た環境教育の課題

4　おわりに

　本章では開発教育から環境教育への疑問や期待を明らかにするために、両者の違いを強調してきた。しかしながら実際には両者の共通点や協力すべき課題も多い。そもそも、環境教育と開発教育を始めざるを得なかった原因は1960年代の世界にある。それは、先進工業国における環境破壊の進行と、先進国と途上国間の貧富の格差の拡大である。その後、これらの問題を解決するためのさまざまな努力にもかかわらず、1980年代後半からの急激な経済のグローバリゼーションにより、モノ、人、金は国境を越えて自由に移動し、その結果、貧富の格差は拡大し、環境はますます破壊され、地域社会での人間関係は分断されてきた。開発教育も環境教育もこうした世界の状況を知り、問題解決に寄与するために実践と理論を積み重ねてきた。

　そして、環境教育と開発教育との双方がその得意な分野を生かして相互に補いあい、一層広く推進されていかねば、地球環境問題など地球社会が抱える大問題の解決の展望は開けてこないであろう。2014年に国連ESDの10年を終えるときにあたって、ようやく環境教育と開発教育との協働の道筋が明らかになり、スタート・ラインに立った感が強い。

注
（1）『開発教育』No.10（開発教育協議会、1987年）。
（2）『開発教育』No.24（開発教育協議会、1993年）。
（3）『開発教育』No.27（開発教育協議会、1994年）。
（4）*The Hamburg Declaration on Adult Learning*, UNESCO Fifth International Conference on Adult Education, Hamburg, 14-18 July 1997.
（5）*Final Report, International Conference on Environment and Society: Education and Public Awareness for Sustainability*, Thessaloniki, Greece, 8-12 December 1997.
（6）田中治彦「地球的課題と生涯学習—1990年代の国際会議の行動計画にみる」（『開発教育』No.40、1999年）49〜58ページ。
（7）『市民による生涯学習白書』（未来のための教育推進協議会、1999年）、『NGO/

第一部　環境教育と開発教育の接点

　　　NPOキャンペーンハンドブック』(未来のための教育推進協議会、2002年)。
(8)「国連・持続可能な開発のための教育の10年開始にあたって―DEARのESDに対する認識・基本姿勢」(特活)開発教育協会総会資料、2005年。
(9)「(特活)開発教育協会の「国連・持続可能な開発のための教育(ESD)の10年」への取り組みについての中間評価」(特活)開発教育協会総会資料、2010年。
(10)(特活)開発教育協会内ESD開発教育カリキュラム研究会編『開発教育で実践するESDカリキュラム―地域を掘り下げ、世界とつながる学びのデザイン』(学文社、2010年)207ページ。
(11)cf.ロジャー・ハート(著)、田中治彦(他監修)『子どもの参画―コミュニティづくりと身近な環境ケアへの参画のための理論と実際』(萌文社、2000年)90〜106ページ。
(12)cf.伊藤俊太郎編『環境倫理と環境教育』(朝倉書店、1996年)、加藤尚武編『環境と倫理』(有斐閣、1998年)、谷口文章「環境教育における環境倫理の使命と役割」(日本環境教育学会『環境教育』教育出版、2012年)95〜106ページ。
(13)日本環境教育学会編『環境教育辞典』(教育出版、2013年)。
(14)井上有一・今村光章編『環境教育学―社会的公正と存在の豊かさを求めて』(法律文化社、2012年)。
(15)田中治彦「図書紹介『環境教育学―社会的公正と存在の豊かさを求めて』」(『開発教育』No.60、2013年)162〜163ページ。
(16)セルジュ・ラトゥーシュ著、中野佳裕訳『経済成長なき社会発展は可能か?』(作品社、2010年)。
(17)2013年に日本環境教育学会から出版された『東日本大震災後の環境教育(日本の環境教育第1集)』(東洋館出版社)の諸論文にその萌芽が見られる。
(18)レイチェル・L・カーソン著、上遠恵子訳『センス・オブ・ワンダー』(新潮社、1996年)。

第3章　地域での持続可能な文化づくりと学び
──開発教育と環境教育の実践的統一に向けて

山西　優二

1　はじめに

　開発教育は、貧困や南北格差などに象徴される開発問題への理解とその解決、公正で共生可能な地球社会の実現をめざす教育活動であり、日本においてその展開への具体的な動きがみられるようになって30数年が経つ。筆者はこれまで日本の開発教育活動に参加する中で、これからの開発教育の課題として「地域を軸にした実践と理論の構築」を標榜してきた[1]。それは、第一には、これまでの開発教育は、途上国の開発問題の様相とその問題への構造的な理解を重視してきたが、一方学習者にとっての足元である地域の過疎、経済格差、環境破壊などの開発問題をしっかりと掘り下げ、その問題を世界の他の地域の問題と構造的に関連づけて捉え、その解決に地域から参加するという視点が十分ではなかったためである。また、第二には、地域の開発問題を考え、開発教育がねらいとして掲げる「公正で共生が可能な地球社会づくり」を想定する場合、それぞれの地域がもつ文化をどのように捉え、さらにはその文化を、公正・共生につながる文化へとどのように発展させていくかという視点が重要になるが、この点への開発教育からのアプローチも十分ではなかったためである。

　一方、21世紀を展望する中、持続可能な開発が注視されつつある。このようなより普遍的な価値や社会的ビジョンを提示していくことは地球レベルでの公正・共生を語る上で必要不可欠なことではあるが、これらの価値の志向が理念や情報レベルにとどまることなく、生活様式や行動規範としての文化として創造され継承されていくには、その価値がそれぞれの地域での生活に

密着した文化として醸成されていくことが必要とされる。地球レベルでの普遍性の追求はまさに地域を基礎にして、はじめて具体性を持ってくる。

つまり、これからの開発教育を描くにおいても、また持続可能な開発のための教育を描くにおいても、「地域」そして「文化」がキーワードとして浮びあがってくる。また本書では、持続可能な社会に向けての「環境教育と開発教育の実践的統一」を語ろうとしているが、その「実践的統一」に向けてはいくつかの方向性を指摘することができるが、「地域での文化づくりにつながる学び」が重要であると筆者は考えている。

したがって本稿では、持続可能な開発を文化づくりという視点から捉え、「文化づくりのための課題」と「地域がもつ機能」を関連づけて捉えていく中から、持続可能な文化づくりにつながる学びのあり様とそこにみる教育課題を描き出してみることにしたい。

2　持続可能な開発と文化

(1) 文化とは

持続可能な開発を文化づくりという視点から捉える上で、まず文化とは何かについて確認しておくことにしたい。文化に対してはこれまでにも多くの論者により多様な定義が示されている。筆者なりには、「集団によって共有されている生活様式・行動様式・価値などの一連のもの」という捉え方を基本としているが、ただこの定義以上に重要なのは、なぜ人間は文化をつくり出したのかという点である。

人間が集団をなして生きる存在であることを考えると、人間が文化をつくり出したことには必然性がある。人間が集団で自然との関係、社会との関係、歴史との関係を生きる上で、集団で共有される文化は必要不可欠なものである。この点に関して、ベルギーの社会学者であるティエリ・ヴェルヘルストは「文化を英語で言うcoping system対処手段、つまり問題解決のための一連の方法論というふうに捉えるべきではないかと考えています」[2]、「文化は、

第3章　地域での持続可能な文化づくりと学び

人間社会を取り囲む様々な問題に対して、伝え、採用し、あるいは新たに創造する解決策の全体である」[3]と指摘している。つまりこの指摘を踏まえると、人間が、自然的、社会的、歴史的関係の中で、共に生活していこうとする時に、遭遇する様々な問題を解決するために生み出してきた方策が文化であると捉えることができる。文化はそこに生み出される必然性をもち、その文化は生活の中で、生活様式・行動様式・価値などとして繰り込まれてきたのである。したがって、文化は博物館や美術館に展示するためにつくり出されたものではなく、また学校での学習・教育の対象、理解の対象となるためにつくり出されてきたものでもない。まさに文化は生活の中で生きており、また自然的、社会的、歴史的関係の変化の中で、変容していく動的なものであるということができる。

（2）持続可能な開発にみる文化

　では文化を上記のように捉えた場合、持続可能な開発にみる文化、持続可能な文化とはどのように捉えることができるのだろか。

　ここで改めて持続可能な開発について詳細に語ることは避けるが、これまでに持続可能な開発に向けて、自然科学的なアプローチ、社会科学的なアプローチ、人文科学的なアプローチなど多様なアプローチがとられてきている。そしてこれらの持続可能な開発へのアプローチが多様であったとしても、環境と開発を対立的に捉えるのではなく、環境の視点からは現在の世代が将来の世代のための資源を枯渇させぬこと（世代間の公正）、開発の視点からは貧困と貧富の格差を解消すること（世代内の公正）をめざしていることは共通している。したがって持続可能な開発の基本原理を「世代間の公正」「世代内の公正」とするならば、持続可能な開発の基底にある文化とは、まさに公正の文化であるとみることができる。また公正は「公平で偏りがないこと、そのさま」を指す言葉であるが、持続可能な開発が示す公正は、「環境」「開発」「世代間」「世代内」などのキーワードが示すように、人間と自然（環境）、人間と社会、人間と歴史との関わりを意識し、これまでの公正をより包括的

63

に発展させようとしている。換言すれば、持続可能な開発とは、その開発に向けての多様なアプローチの根底に、「公正の文化」（持続可能な文化）を生み出し、その文化を基底として、持続的でない現在の環境・開発の状況を本質的に変革していこうとする方向性をもったものであると捉えることができる。

3　持続可能な文化づくりに向けての課題

では持続可能な文化づくりに向けて、何が求められるのだろうか。それについて語る前提として、まずは国内外の文化の状況を読み解いておくことにしたい。

(1) 文化を取り巻く状況

いま地球上では文化の変容のプロセスが急速に起こりつつある。身近なところから眺めてみると、特に日本の1980年代以降にみられる国際化・グローバル化の進展の中で、たとえば学校では海外からの帰国生が増加し、また社会ではアジア・中南米などからの外国人労働者とその家族、中国からの帰国者、アジアからの留学生など、日本に在住する外国人は飛躍的に増大している。そしてこのような状況は、アイヌ民族、琉球民族、在日コリアン・中国人といったそれまで日本社会が内包させてきた民族・文化問題とも相まって、個人レベル・集団レベルで文化的言語的アイデンティティをどのように形成していくのかという課題を、また地域レベルでいかにして多文化化、多言語化に対応し、多文化共生社会をつくり出していくのかという課題を浮かびあがらせている。

一方世界的な問題状況に目を向けてみると、21世紀に克服すべき重要課題としての緊張状況に関する指摘がある。たとえばユネスコ21世紀教育国際委員会の報告書『学習：秘められた宝』[4]は、21世紀の克服すべき重要課題として、主だった7つの緊張を指摘している。それらは、「グローバルなも

第3章　地域での持続可能な文化づくりと学び

のとローカルなものとの緊張」「普遍的なものと個別的なものとの緊張」「伝統性と現代性との緊張」「長期的なものと短期的なものとの緊張」「競争原理の必要と機会均等の配慮との緊張」「知識の無限の発達と人間の同化能力との緊張」「精神的なものと物質的なものとの緊張」である。この報告書が指摘する緊張は、まさに広義かつ本質的な意味での人間の多様な文化が、世界レベルで緊張状況にあることを示している。

　また以上のように文化の多様化、文化間の緊張関係が進む一方、より普遍的な価値・文化を形成することへの国際的なドライブが働いていることも確かである。たとえば1999年に新しい千年紀に向けて、国連総会で「平和の文化に関する宣言」が採択され、さらに国連はユネスコの提唱を受けて2000年を「平和の文化国際年」と定め、この国際年は2001年から2010年の「世界の子どもたちのための平和と非暴力の文化の10年」へ引き継がれたことはそのことを示している。まさに「平和」「人権」は、文化のあり様を示す基本概念であり、「持続可能性」「公正」も同様であり、多様な文化・価値が緊張・対立する中にあって、文化の多様性を前提としつつ、より普遍的な文化を生み出そうとする動きを見て取ることができる。

　つまり今の社会を取り巻く文化は、「多様化」「緊張化」「普遍化」といった方向性が交錯し、動的な状況をつくり出しているということができる。

（2）文化づくりに向けての課題

　以上のような文化の状況に、教育は、人間は、十分に対応できているのだろうか。文化が動的な関係を顕在化させている状況の中では、これまでの教育にありがちな文化を静的固定的相対主義的に理解し、その異質性・共通性・多様性への尊重のみを強調する静的なアプローチでは、今の状況に対応できないことは明らかである。また文化的変動があまりに速くかつ多面的に生じているために、文化創造の主体である人間が、その主体性を見失っているかのようにも見える。ではこのような状況の中で、人間がまさに文化創造の主体としての力を形成していくには、人間は何を学んでいけばよいのだろうか。

65

第一部　環境教育と開発教育の接点

　文化の動的な状況を読み解き、より公正な文化をつくり出していくための課題として、相互に関連し合う以下の3点を指摘することにしたい。

　① 「文化の人間的役割」を理解する

　文化が多様化し、急速に変容する中にあって、改めて文化とは何かへの理解が求められてくる。ただ文化を理解するというと、その文化の中身への理解と解されることがほとんどであった。しかし、文化とアイデンティティの関係などを考えると、文化の内容への理解の前提として、人間にとっての文化の役割への理解の重要性が浮かびあがってくる。たとえばティエリ・ヴェルヘルストは、文化において重要なのは、文化が個々の人間と社会の両方に影響をもたらす役割としての「文化の人間的役割」であると指摘している。この「文化の人間的役割」に関して彼は4点をあげている[5]。第1は人間に自尊心をもたらしてくれる役割であり、第2は選択の基盤を与えてくれる役割であり、第3は不正行為に抵抗して闘う武器となり得る役割であり、そして第4が人間の抱く根本的な問題に意義を与える役割である。まさに人間が文化の主体となるには、まずこの「文化の人間的役割」を改めて理解し、人間は自らに内在する文化と対峙することが求められてくる。

　② 個々の文化の特性と文化を取り巻く状況を読み解く

　文化が、「多様化」「緊張化」「普遍化」といった動的な状況をつくり出している中では、多様な文化の理解には、多様な文化の異質性・共通性を表面的に理解するのではなく、個々の文化に内在する特性、時には階層性・差別性・排他性といった特性を、公正の視点から批判的に読み解くことが求められてくる。また多文化間の対立・緊張の状況に対しても、その状況を表面的に眺めるのではなく、その対立・緊張が進展する背景としてのグローバル化の進展や地域の政治的経済的状況を、構造的批判的に読み解いていくことが求められてくる。

　③ 文化の表現・選択・創造へ参加する

　人間の社会活動を文化という視点で捉え直してみると、文化的参加という概念が浮かびあがる。ここで言う文化的参加は社会参加に含まれる概念では

第3章　地域での持続可能な文化づくりと学び

あるが、社会参加が、これまでの参加の概念に見られるように、一般的に社会的意思決定過程への制度的参加や組織・集団への参加などの側面から、社会性や社会的意義に関連づけてとらえられることが多いのに対し、文化的参加は、文化的存在としての人間の精神的・情緒的側面に注目し、それらの表現・選択・創造活動への参加を意味する概念である。佐藤一子によると、この文化的参加は、「創造的・探求的な関心や興味の共有、情緒的一体感などを通じて個々人の精神的充足や人間関係の形成、心身の解放などが促進されるプロセスを重視し、文化を媒介とするより内面的な価値をもつ活動とそのひとらしい表現をつうじて個人が社会や集団とかかわる個性的方法に注目するとらえ方」[6]と概念化されている。またこの概念は、特に子どもという立場、そして地域づくりという立場にたつ場合、より重要になる。それは、学校という制度的枠組みをこえた地域という空間において、「子どもたちみずから表現し、異なる世代とのコミュニケーションを発展させ、多様な価値との葛藤を経験しうる場として、地域社会における文化的生活への参加は大きな意味をもっている」[7]ためである。

またいま世界各地での地域づくり、震災後の日本での地域づくりを眺めてみると、そこには、歌があり、踊りがあり、祭りがあり、また芸術があるように、大人・子どもを問わず、すべての人に心の躍動を生み出すような文化的な動きが一つの核になってきていることが見てとれる。このような動きは地域づくりにおいて、協働性を再生し人間の生へのエネルギーを活性化するうえで非常に重要であるが、この動きを文化的参加と呼ぶなら、この文化的参加は、公正の文化づくりに向けて大きな可能性を有していると考えられる。

以上のように、現在の文化の状況に対応するためには、人間一人一人が、自然的、社会的、歴史的関わりの中で、文化の人間的役割を理解し、文化の多様性およびその文化の対立・緊張の様相とその背景を批判的に読み解き、より公正な文化の表現・選択・創造に参加していくことが必要とされているのではないだろうか。筆者はこの3つの課題を探求する中で生み出される力を、「文化力」と呼びたいと考えている。

4　地域での必然性のある学び

　前節で指摘したように、文化力を形成していくことが持続可能な文化づくりに向けての課題として確認できるなら、次には、そのための学びのあり様を検討することが求められる。そこで本章では、文化力の形成に向けて、「地域での必然性のある学び」の重要性を指摘することにしたい。それは人間が多様な価値や文化を、生活様式や行動規範として実感のあるものとして創造し継承していくには、その価値や文化が地域での生活の必然性の中で絡み合い、醸成されていくことが必要であるためである。つまり文化力の形成につながる文化への動的なアプローチは、まさに地域での必然性の中で、具現性を持ってくるためである。この章では、地域の捉え方と地域の機能を確認し、いくつかの地域事例を眺め、「地域での必然性のある学び」のあり様について考えることにしたい。

（1）地域とは

　地域は、伝統的には、地縁的ないし血縁的なつながりを中心とした住民が共同性に基づいて形成してきた生活空間を意味するものとして捉えることができる。まさにコミュニティとしての地域である。しかし地域は多義的であり、行政区や学校区のように切り取られたある一定の社会空間を指すことや、中央に対する地方、中心に対する周辺を指す場合もある。また学校と地域の連携という言葉に示されるように、学校を取り巻く個人や団体、伝承文化・文化遺産・環境資源などを総称的に指す場合にも使われている。

　また地域を、ある一定の固定化された空間として捉えるのではなく、問題や課題に即して可変的に捉えることも可能である。つまり地域を「特定の問題解決や課題達成に向けて住民の共同性に基づき形成される生活空間」として捉えるならば、守友裕一が下記に指摘するように、課題の種類とその課題を担う住民を出発点として、地域の範囲は伸縮自在となり、また地域そのも

第3章 地域での持続可能な文化づくりと学び

のも重層的に捉えることが可能になる。

「地域の範囲をいかに規定するかという議論は、変革すべき課題に即して決まるのであり、その意味で地域の範囲は『伸縮自在』であり、担い手の人間集団を出発点としてそれぞれが重層化しているととらえるのが妥当である。地域の範囲を画定することが問題なのではなく、地域の現実を主体的にどう変革していくか、そうした課題化的認識の方法こそが、地域をとらえる上で最も大切なのである。」[(8)]

このような地域の捉え方は、問題解決をめざす教育にとっては特に重要である。それは地域が、政治、経済、文化、自然環境などの要素を内包する生活空間であり、それらの要素は互いに従来の特定の地域を越えて動的に絡み合っているなかにあっては、そこに存在する問題とその解決方策を検討するには、地域をより伸縮自在に、柔軟に、重層的に捉える視点が、学びの具体性と解決行動の具体性という観点から、重要であるためである。

（2）地域のもつ機能

ではそのような「特定の問題解決や課題達成に向けて住民の共同性に基づき形成される生活空間」としての地域とは、具体的にはどのような機能を有している、もしくはその可能性を有していると考えられるだろうか。特に前節で指摘した文化力の形成を念頭に考えられる地域のもつ機能を、相互に関連し合う5つの観点から、以下提示してみることにする。

① 「課題を設定する」―必然性を軸にする場―

地域は「課題を設定する」場である。地域の現状、地域の問題状況をどのように読み解き、どのような持続可能な開発に向けての課題を設定していくかは、実践の基軸を形成することになる。地域では、環境破壊、地域間階層間格差の拡大、第一次産業の疲弊、他民族・他文化への差別構造と排他意識、ジェンダー差別など、余りにも数多くの問題様相が浮びあがっている。またそれらの問題は、決して個別に存在しているのではなく、それぞれは関連しあい、重層的に存在している。改めて公正の視点から、地域の現状、地域の

問題状況を、住民の生活レベルで重層的に読み解くことで、持続可能な開発に向けての課題を住民にとって必然性を伴うものとして設定していくことが重要になる。

② 「人とつながる」―協働性を生み出す場―

地域は「人とつながる」場である。地域を、既述したように「特定の問題解決や課題探究に向けて住民の協働性に基づき形成される生活空間」として捉えるならば、地域の問題や課題を軸にして、そこにみる人と人、組織と組織とはつながり、協働性を生み出すことが可能になる。またここでのつながりや協働性とは決して形式的なものではなく、課題に即した必然性を軸に生み出されていくものである。

③ 「歴史とつながる」―先人たちの知恵に学び、未来を描く場―

地域は「歴史とつながる」場である。歴史的存在としての人間が、先人たちの知恵に学び、それを今に活かし、生きることを保証しあってきた場が地域である。それは地域には、先人たちが問題解決を通して蓄積してきた長い歴史的営みとしての多くの知恵が、文化として生活の中に折り込まれているためである。したがって持続可能な文化づくりに向けてこれからの学び、そして教育のあり様を考えようとする時、その地域に見られる先人たちの知恵に学び、さらにそれを基礎に未来を描いていこうとすることは、基本的かつ重要なことである。またこのことは、外から制度として、伝統的な「おしえ、そだて」とは断絶した形で地域に持ち込まれ、現在においても地域・地域文化と切り離された学びを生み出しがちな学校教育・学校文化を再考する上でも、大きな意味をもっている。

④ 「世界とつながる」―状況を読み解き、連携する場―

地域は「世界とつながる」場である。文化間の対立・緊張の状況が顕在化してくるのはそれぞれの地域であり、その状況をその背景にあるグローバル化の進展など世界とのつながりの中で読み解くことを、具体的に構造的に可能とするのは地域である。また持続可能な文化づくりをめざすなら、その過程では、問題・課題を軸に、その地域内にとどまらず、世界（他の地域の動

き・国の動き・国際的な動きなど）とつながる中で、多様な対抗・連携の動きを生み出すことになるが、その動きの拠点になるのも地域である。

　たとえば文化を取り巻く状況の背景にある経済のグローバル化の進展は、効率性・競争という価値による、均質化・序列化を世界的に押し進め、またそれに伴う金融の自由化と多国籍企業活動の自由化は、その恩恵に預かる地域とそうでない地域の格差を一層拡大させつつある。そしてこのグローバル化に対抗し、持続可能な開発への動きが見られるのは地域においてである。グローバル経済への対案として、地域通貨、共生経済[9]・連帯経済[10]などの動きが、実践的に理論的に語られつつあるが、その軸にあるのは地域であり、またその地域が他の地域とつながり、連携しあっている姿である。

　⑤　「参加する」―参加を可能にする場―

　地域は「参加する」場である。ただここで注視すべきことは、地域を多層的に捉えるのと同様、参加を多層的に捉えることである。たとえば地域社会というものが政治・経済・文化といった要素を内包していることを考えると、そこにおける社会参加とは、政治的参加、経済的参加、文化的参加を意味することになる。また参加の対象となる社会活動を「公」「共」「私」という3つのセクターに区分してみた場合、そこには主に行政が担う公益を原理とする「公」の活動、多様な市民組織・団体が担う共益を原理とする「共」の活動、そして企業や個人が担う私益を原理と「私」の活動が浮びあがる。さらには市民性への議論の中で指摘されている「4つの市民」としての「地域住民」「国民」「アジア市民」「地球市民」という捉え方も、市民性の質と共に市民参加のあり様の重層性を示している。つまり社会参加というものは、上記のようにより多層的に捉えることが可能であるが、この参加を今の文化状況に即して考えてみた場合、地域には、子どもから大人までを対象とした、多様な参加の形態・活動が浮かびあがってくる。まさに地域は、参加を具体性に語り、実践することを可能にする場である。

　以上、文化力の形成を念頭に置きながら、「課題を設定する」「人とつながる」「歴史とつながる」「世界とつながる」「参加する」という地域のもつ5

つの機能について考えてみた。これらの機能は課題を軸に相互に関連しつつ、循環し合うことが想定される。またこの循環の中で、文化が自ずと醸成されてくるということができる。ただ地域はこれらの機能を内包することを可能としているが、これらの機能は、地域に固定的に存在しているわけではなく、日本の各地に見られる地域社会の崩壊は、これらの機能を大きく低下させている。したがって、それぞれの地域にみる文化的状況と持続可能な文化づくりに向けての課題を見据えるなかで、地域の機能を活かした学びをつくり、またその学びづくりを通して、地域の機能を活性化、再生化させていくこと、つまり地域課題を軸に、必然性の中で、学びづくりと地域づくりが連動してくることが求められてくる。「地域での必然性のある学び」とは、まさにこのことを意味している。

(3) 地域事例からみえること

いま日本の地域を眺めてみると、地域経済が疲弊化し、地域と都市の格差が拡がり、また地域の過疎化・高齢化といった問題状況を顕在化させている多くの地域がある。しかしそんな中にあっても、それぞれの地域が育んできた風土・伝統・文化を見据え、未来を描き出しながら、地域づくりを行っている事例も数多く見えてくる。以下のアートを活用した3つの事例は、2012年に実施され、筆者が足を運んだ地域づくりの事例である。

〈事例1〉「開港都市にいがた　水と土の芸術祭2012」(第2回)―新潟市―(2012年7月14日～12月24日)

〈事例2〉「大地の芸術祭：2012越後妻有アートトリエンナーレ」(第5回)―十日町市・津南町―(2012年7月29日～9月17日)

〈事例3〉「土祭2012」(第2回)―益子町―(2012年9月16日～9月30日)

誌面の制約からすべての事例を紹介できないが、例えば、事例3の益子町で新月から満月にかけての2週間、開催された土祭の総合プロデューサーである馬場宏史はその土祭のねらいに関して次のように述べている[11]。

「震災や原発の事故の後、多くの人が、これからどうしたら良いのかとい

第3章　地域での持続可能な文化づくりと学び

う疑問を持ち、迷いつつ、さまざまな想いをめぐらせているのではないでしょうか。濱田庄司はかつて、激動の社会から暮しの理想郷を求めて、ここ益子に巡り着きました。そして、それまでに身につけてきた知識や技術を生かして、この場所に寄り添い、器をつくり、日常の生活を楽しみました。その仕事や哲学が、やがて世界へ影響を与えます。幸い益子には、豊かな自然、農業や手仕事が今も息づいています。まだまだやり直すことは可能です。土祭は、この地の歴史や自然に感謝し、これからの平和な世界を祈る祭。みなさんとともにもう一度、これからの理想郷を目指す、この二週間がその手がかりになれば、と思っています。」

そして掲げられているテーマは、「テーマ1：歴史ある聖の空間、新しい表現」「テーマ2：足元の土、豊かな表現」「テーマ3：受け継いだ自然、暮しと未来」「テーマ4：先人の知恵、暮しと未来」「テーマ5：わかちあう今、そして未来」の5つである。

この土祭を含め、これらの地域の事例から見えてくるのは、第一には、自然への感謝を基礎としつつ、震災・原発の事故を踏まえ、①既存の社会を問うこと、②人間と人間・人間と自然・人間と歴史・人間と社会をつなぐこと、③つくること・表現すること、をテーマにしていることであり、第二には、人間が、感じ、考え、行動することを一体化する活動が生み出されていることである。そしてこのような動きを可能にしているのは、地域課題を軸にしながら、アートや祭りがもつ「人間の感性と理性をつなぎ両者を活性化させる」「肉体と精神をつなぎ行動と思考をつなぐ」「ことば・文化・民族・年齢などの違いを超えて人間と人間をつなぐ」「表現・想いを開き伝統と未来をつなぐ」といった多様かつ総合的な力[12]を活用しているためと考えられる。

これらの事例には、まさに地域を軸に、地域づくり・文化づくりと学びづくりが連動し合っている姿がある。そのあり様は、課題に基づく必然性と住民の「参加」の中で、具体的でリアルで力強さをもっている。またそのあり様は、特定の時代状況、特定の地域状況に閉ざされていない。「歴史とのつながり」の中にある地域が、そして「世界とのつながり」の中にある地域が

想定されている。筆者はこのような地域活動の中に、持続可能な文化づくりにつながる必然性のある学びの姿が、浮かびあがっていると考えている。

5　持続可能な文化づくりに向けての教育課題

　ではこうした地域での持続可能な文化づくりにつながる学びを生み出していくには、また今ある学びをより意味あるものにしていくためには、教育にはどういった課題が見出せるのだろうか。基本的な教育課題として2点を指摘してみることにしたい。

　第一は学びを多面的に捉え、学びと教育との関係を捉え直すことである。本来、学びは多様であり、人間は多様な場で、多様な時に、多様なことを学んでいる。その多様な学びが、誰を主体として、どのように、何を目標に、どういった内容でつくり出されているかを読み解いてみると、それぞれの学びにはそれぞれの特性を見出すことができる。その特性を筆者なりに大きく類型化してみると、以下のような4種の学びへの整理が可能ではないかと考えている。

　①　系統的継続的学び

　学校に示されるような公的な関係の中で、他者（教師や指導者）からの働きかけ（教育）で生まれる学び（学習）である。系統的、体系的、継続的、学問的な学びといった特性を有しており、またその学びは時として評価・評定対象となることから、一般化、客観化されることが想定された学びであることも多い。

　②　問題解決的必然的学び

　地域の市民団体・NGOなどによる地域活動の中で、協働的関係を通して生まれる学びである。課題探究的、問題解決的、必然的な学びといった特性を有しており、また行動との関係を一体的に捉えやすい学びである。

　③　生活的実利的学び

　生活の中の個人の関心や意識もしくは他者との私的な関係の中で生まれる

学びである。個々の私益を反映させ、生活的、現実的、実利的な学びといった特性を有している。家庭での学び、生活の中での習慣化された学びなどはこの区分に含まれる。

④　直感的感覚的学び

他者からの働きかけや他者との関係に関わらず、偶発的に発生する学びである。直観的、感覚的な学びといった特性を有している。非日常的な経験の中での気づき、無意識的な活動の中での気づきなどはこの区分に含まれる。

それぞれが大切な学びであるが、時に現在の日本のように学校教育に関心が偏りすぎると、教育の結果としての学習だけに焦点が当てられ、さらに教育の結果を評価しようとする動きの中で、評価しやすい、数値化しやすい客観的な能力としての学力が注視され、多くの人々の学びへの意識が狭く切り取られがちになることは否定できない。まずは人間一人一人にとっての多様な学びとその特性に気づき、次に学びと学びへの意図的な働きかけである教育との関係を捉え直し、そして地域における学びの全体を構想していくことが教育に求められてくる。その時、持続可能な文化づくりに向けては、「②問題解決的必然的学び」を軸とし、そこに「①系統的継続的学び」や「③生活的実利的学び」を関連づけ、全体としての学びの流れや関連性を地域でつくり出していくことが重要になるのではないだろうか。

第二は、人間存在そのものの「全体性」を教育の基礎に据えることである。「人間が、自然的、社会的、歴史的関係の中で、共に生活していこうとする時に、遭遇する様々な問題を解決するために生み出してきた方策が文化である」ことは指摘したが、この文化の捉え方は、「自然的存在」「社会的存在」「歴史的存在」としての人間存在の全体性を基礎にしたものである。つまり人間は、身体や精神、遺伝、発達などの内的自然や人間をとりまく環境としての外的自然との関わりを生きる「自然的存在」であり、政治、経済、文化などの社会的関わりを生きる「社会的存在」であり、過去、現在、未来との関わりを生きる「歴史的存在」である。そしてそれらの存在は、本来は全体的につながりあっている。持続可能な開発が、その持続性を自然、社会、歴史の

視点から多面的に捉え、文化が、人間と自然・社会・歴史との関係の中にあることを確認し、そして教育が、持続可能な開発とその文化づくりに向けての人間のあり様を語ろうとするなら、その教育は「自然的存在」「社会的存在」「歴史的存在」としての全体的な人間のあり様を基礎に据えておくことが必要不可欠になる。またアートを活用した地域づくりの事例では、アートを通して、人間の「感じる」「考える」「行動する」といった力を全体的に生かそうとしている活動が生み出されていた。今の開発に見る持続不可能性が、効率性、合理性、功利性などのある特定の価値や原理への志向に原因があるのと同様、今の教育の問題も、人間存在のある特定の部分への志向や人間存在を分断的に捉えがちな点に原因があることは明らかである。人間存在の全体性を基礎に据えることは、地域・文化・学びのあり様と教育のあり様をつなぎ、そこに持続可能性を生み出していくためには必要不可欠なことではないだろうか。

6　おわりに―開発教育・環境教育の実践的統一に向けて

　本章では、持続可能な開発を文化づくりという視点から捉え、「文化づくりのための課題」と「地域がもつ機能」を関連づけて捉えていく中から、持続可能な文化づくりにつながる学びのあり様とそこにみる教育課題を描き出してきた。

　「はじめに」でも述べたが、持続可能な社会に向けての「環境教育と開発教育の実践的統一」に向けては、「地域での文化づくりにつながる学び」がキーになると筆者は考えている。それは、持続不可能な問題事象を問い直し、人間と自然、人間と社会、人間と歴史との関係をより公正なものに変容させていく地域での具体的な活動過程の中から持続可能な文化が生み出されていくとするなら、その地域での学びづくり・文化づくりに向けて、自然を基軸としたこれまでの環境教育と社会を基軸としたこれまでの開発教育の実践的統一には必然性があるからである。またいくつかの地域事例はその必然性を

第3章　地域での持続可能な文化づくりと学び

実践的に示してくれているからである。

注
（1）山西優二・上條直美・近藤牧子編『地域から描くこれからの開発教育』（新評論、2008年）、開発教育協会内ESD開発教育カリキュラム研究会編『開発教育で実践するESDカリキュラム―地域を掘り下げ、世界とつながる学びのデザイン―』（学文社、2010年）。
（2）ティエリ・ヴェルヘルスト「国際セミナー『グローバル化する開発と、文化の挑戦』」片岡幸彦編『人類・開発・NGO―「脱開発」は私たちの未来を描けるか―』（新評論、1997年）53ページ。
（3）同上54ページ。
（4）天城勲監訳『学習：秘められた宝―ユネスコ「21世紀教育国際委員会」報告書―』（ぎょうせい、1997年）9～11ページ。
（5）ティエリ・ヴェルヘルスト「対話『文化は開発問題にどう応えるのか』」片岡幸彦編『人類・開発・NGO―「脱開発」は私たちの未来を描けるか―』（新評論、1997年）16～18ページ。
（6）佐藤一子・増山均編『子どもの文化権と文化的参加―ファンタジー空間の創造―』（第一書林、1995年）15ページ。
（7）同上、11ページ。
（8）守友裕一『内発的発展の道―まちづくり、むらづくりの論理と展望―』（農山漁村文化協会、1991年）28ページ。
（9）内橋克人『共生経済が始まる―世界恐慌を生き抜く道―』（朝日新聞出版、2009年）。
（10）西川潤・生活経済政策研究所『連帯経済―グローバリゼーションへの対案―』（明石書店、2007年）。
（11）『土祭2012オフィシャルガイドブック』（土祭実行委員会、2012年）61ページ。
（12）『創～アートが世界を変える、世界を創る～』（2010年度国際教育論ゼミ報告書）（早稲田大学文学部山西研究室、2011年）2ページ。

第二部

持続可能で包容的な地域づくりへの実践

第4章　公害と環境再生
── 大阪・西淀川の地域づくりと公害教育

林　美帆

1　はじめに

　公害教育は、公害の原因を知り、公害の責任を問う形態で展開をしてきた。特徴的な活動として、静岡県三島のコンビナート造成にかかわる反対運動では、沼津工業高校が公害調査の中心となり、建設を中止させる成果をあげた。藤岡貞彦は「教室の公害教育は、まず公害を肌で感じさせる教育が基礎だ。教師が公害反対の活動を積み重ねてはじめて、教育実践に結びつく」（藤岡、1971）と教師に公害反対運動に参加することを求める。日教組の教研発表も教育実践の報告だけではなく、公害反対運動の報告がなされており、公害反対運動と公害教育が表裏一体の関係性にあった。また、公害が発生している中で、児童・学生に公害を理解させることが求められていたといえるだろう（林、2013）。

　現代における公害教育の形態は、1970年代の形態とは変化してきている。現在は各地で公害裁判がおこなわれ、原因や責任に関しては明らかになってきている。また、問題は残っているとしても、公害を体感する場面は少なくなってきた。しかし、補償問題や地域の再生など、見えにくい課題は残されたままである。時代が変わったなかで、従前の公害教育ではなく、これらの課題を解決するための公害教育に変化している。また、公害教育は公害地域の解決という地域特有の学びだけでは終わらない。困難な状況に陥った時に人間としてどの様にふるまえばいいかを学ぶ素材として、公害の経験を学ぶことは、ESDとしても有効であることを、大気汚染問題に向き合ってきた大阪・西淀川地域の事例から検討していく。

第二部　持続可能で包容的な地域づくりへの実践

2　公害によるコミュニティの破壊

（1）西淀川公害裁判

　大阪市西淀川区は、兵庫県の尼崎市の東南に位置する、大阪市の行政区である。大阪湾に面し、淀川の河口に位置しており、阪神工業地帯の一部であるが、尼崎市や此花区の様な大企業はなく中小企業が多い、住工混在の地域である。

　西淀川の公害は工業化に伴い、地盤沈下・水質汚濁・騒音・大気汚染といった典型７公害が入り混じった形で戦前から展開されていたが、石炭から石油への燃料転換がおこなわれた高度経済成長期に、大気汚染によって健康被害が引き起こされるようになり、公害健康被害補償法の前身である公害に係る健康被害の救済に関する特別措置法の最初の大気汚染関係の指定地域に、四日市と川崎に並んで指定された。1976年には、区民の20人に一人は公害患者という大気汚染の被害があった。

　西淀川の大気汚染公害は立証が困難であった。原因は工場の排煙と車の排

写真4-1　尼崎の火力発電所　1963年1月22日（検甲第14号証の28）

気ガスであることは明白であったが、原因を特定することが出来なかった。西淀川は中小企業が多いが、それら西淀川の工場の排煙だけが原因ではなく、尼崎市や此花区などの大企業の工場から排煙が越境してくる「もらい公害」であったのだ。またそれらの工場群も四日市の様なコンビナートではなく、戦前からの工場群であり共同不法行為を問いにくいという困難さがあった。また、自動車公害については、当時は排気ガスと健康被害の因果関係が明らかにされていない状況であり、裁判を行うことに尻込みする弁護士が多かった（井上、2013）。

1972年の四日市公害裁判の判決後、提訴の機会をうかがっていた西淀川の公害患者は、弁護士を説得して1978年に裁判を提訴することとなった。準備に6年の歳月を掛けた裁判であったが、立証の困難さや、大気汚染の原因物質である二酸化窒素の環境基準が政策によって0.02ppmから0.04-0.06ppmのゾーン値に変更され、その上公害健康被害補償法の大気汚染の指定地域の解除など、様々な困難が立ちはだかり、判決・和解まで21年間という長い年月を要することとなった。

図4-1　西淀川公害裁判の被告企業の事業所と道路の位置

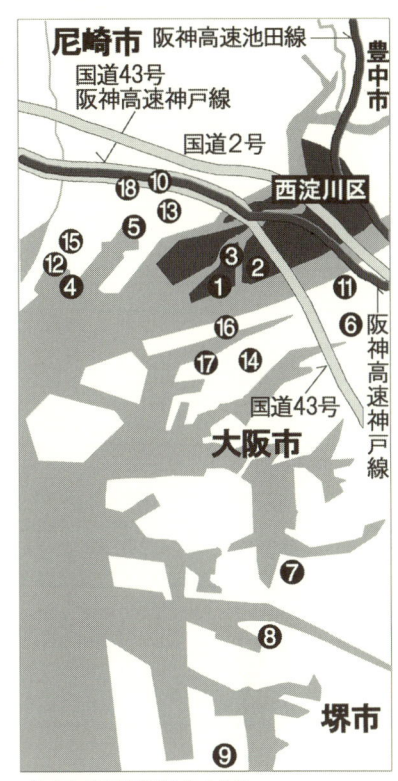

被告企業の事業所とその位置
【合同製鐵】①大阪製造所【古河機械金属】②大阪工場【中山鋼業】③大阪製造所【関西電力】④尼崎第三発電所⑤尼崎東発電所⑥春日出発電所⑦大阪発電所⑧三宝発電所⑨堺港発電所【旭硝子】⑩関西工場【関西工場化学品部【関西熱化学】⑫尼崎工場【住友金属工業】⑬鋼管製造所⑭製鋼所【神戸製鋼所】⑮尼崎製鉄所【大阪ガス】⑯西島製造所⑰北港製造所【日本硝子】⑱尼崎工場

（2）公害反対運動とまちづくり

　西淀川の公害反対運動の特徴の一つに、まちづくりとのかかわりが挙げられる。裁判の原告となったのは、西淀川公害患者と家族の会（以後、患者会）であるが、患者会は裁判提訴以前からまちづくり活動を積極的に展開していた。

　もともと、西淀川区は住民運動や労働運動が活発な地域であった。労働運動では、大建被服の不当解雇に対して雇用主と争った乙女争議団（1965年）の様子が『娘たちは風にむかって』（1972年）という映画にもなっている。この映画にも公害反対運動と共闘しようという場面があり、中小企業の労働運動の連携と共に、住民運動との連携といった動きがあったことが分かる。西淀川区を東西に横断している大野川が工場の排水などで汚染されたために、公害対策として1971年から埋め立てられた。埋め立て跡地の利用として、工場と伊丹空港をつなぐ産業道路を作る予定であったが、署名などの運動によって、歩行者自転車の専用道路（大野川緑陰道路）に変更させた。また田中電機や永大石油鉱業などの「公害企業」を移転させて、跡地に公共施設を建設させたのは住民運動の成果である。これらの施設は、現在の西淀川の文化的側面を支える役割を担う場所となっている。

　患者会が積極的に関わった運動として、工業専用地域指定反対運動がある。区内の4分の3を工業専用地域に変更させて、環境基準が適用できない地域にするという大阪市の用途地域変更計画を、自治会や医師会、患者会などが共闘をして撤回させた（除本、2013）。また、裁判の提訴中も、フェニックス計画という大阪湾の廃棄物処理埋立地造成問題に対しても、反対運動を繰り広げた（松岡、2013）。これらの活動に、患者会がかかわった理由として、「四日市の様になりたくない」という思いが込められていた。四日市は裁判で勝訴をしたにもかかわらず、患者の健康被害の賠償が中心であり、差し止めが実施されなかったことから、工場の煙が止まらなかった。街を再生しなければ、公害を解決したことにならないと患者会の森脇君雄は思ったという。ま

図4-2 西淀川地域再生プラン

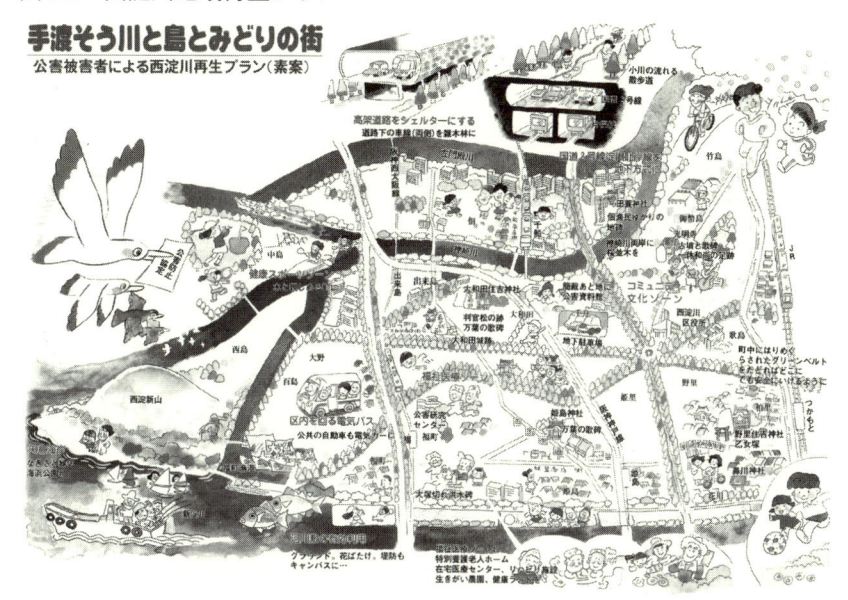

緑化や幹線道路の地下化など住民の思いを絵地図で表現した。

た、森脇がこの様な考えを持つにいたったのは、環境経済学者である宮本憲一の助言が大きい（除本、2013）。

　これらの思いを受けて作製されたのが西淀川地域の再生プランである。第1次訴訟の地裁判決前の1991年に、まちづくりに取り組む人たちと患者が協議をし、西淀川地域の再生プランを作成して公表した（**上図**）。公害患者がまちづくりを提案した初めての出来ごとであった。

3　コミュニティの再生

（1）裁判の和解からあおぞら財団誕生

　西淀川公害裁判は、第1次地裁判決で被告のうち工場に対して原告が勝訴、第2〜4次地裁判決で国（当時の建設省）に道路の管理責任があることが認

第二部　持続可能で包容的な地域づくりへの実践

められた。その後、1995年に企業と、1998年に国・阪神高速道路公団（以下、公団）と和解が成立して、21年の裁判の幕が閉じた。

　企業との和解も、国・公団との和解も、地域再生が明記された。国・公団との和解では、道路連絡会という原告と国土交通省と阪神高速道路公団の話し合いの場が設立されることとなり、道路政策について話し合いながら進めていくことが確認された。企業との和解協議では公害患者への賠償金とともに、公害地域再生の為に資金が提供されることとなり、それらを基に財団法人公害地域再生センター（あおぞら財団）が設立された（現在は公益財団法人）。

　あおぞら財団の設立趣意書には「公害地域の再生は、たんに自然環境面での再生・創造・保全にとどまらず、住民の健康の回復・増進、経済優先型の開発によって損なわれたコミュニティ機能の回復・育成、行政・企業・住民の信頼・協働関係（パートナーシップ）の再構築などによって実現される」と記されている。公害の再生が物理的な再生にとどまらず、コミュニティの回復・育成であり、パートナーシップの再構築であるというのである。これらの思いを受けて、あおぞら財団では地域づくり、資料館、環境学習、環境保健、国際交流といった分野で活動を行い、行政・企業・住民の関係をつなぎ、協働できる関係性の構築がめざされることとなった。

（2）地域の連携と環境教育

①教材開発とイベントの開催

　あおぞら財団の環境学習の取り組みは、公害問題とまちづくりがベースになっているところに特徴がある。教材開発では「西淀川公害に関する学習プログラム作成研究会」を立ち上げ、小中高大の教員や子どもエコクラブの指導者などと協議しながら、開発を進めることとなった（片岡、2007）。たとえば、参加型アセスメントをとりいれて作成したまちあるきの教材『かぶりとえころ爺のまち調べとマップづくり』（2002年）や、交通環境教育のために開発した大気汚染を視覚化したSCPブロック（2002年）、フードマイレー

ジ買物ゲーム（2007年）などを開発し、普及していくこととなった。

　また、一方で、子ども達と地域調査を行うプログラムが実施された。春はタンポポ調べ、夏はセミの抜け殻調べ、秋は淀川でのハゼ釣り、冬は大気汚染調査といった、四季を通じて地域を調査するイベントを地域の学童保育所やガールスカウトなどと協力して実施をしている。

　このような、教材開発やイベントは、あおぞら財団の事務局だけで企画実施するのではなく、地域で活動する人たちとの協働で運営を行い、人材育成も兼ねながら地域づくりを行うという合わせ技となっている。

②西淀川高校との連携

　大阪府立西淀川高等学校（以下、西淀川高校）との協働も、教材開発のつながりから生まれた連携であった。松井克行教諭が、2000年に公害の授業の教材を求めてあおぞら財団と接触したことが縁となり、西淀川公害に関する学習プログラム作成研究会に参加、西淀川高校での公害の授業を展開することとなった。また、2003年から西淀川高校の空き教室を活用して西淀川公害の展示室を開設し、各授業で協働して取り組むあおぞらプランが開始された。松井は西淀川高校に学校選択科目「環境」を設置して、西淀川高校で環境を学習する土台を築くこととなる。

　西淀川高校では、その後、2005年から辻幸二郎教諭が赴任し、学校選択科目「環境」の担当となった。辻の登場によって、あおぞら財団と西淀川高校の関係は授業の協力だけにとどまらず、まちづくりの担い手として西淀川高校の生徒が主体的に行動できるような取組みに発展した。たとえば、生徒会と「西淀川自転車マップ」を作成したり、大気汚染調査を授業で取り入れた。また辻が発起人となった実践に西淀川での菜の花プロジェクトがある。この菜の花プロジェクトも、自動車公害の課題が残る西淀川で、生徒たち自身ができる事はなにかを考えた結果、廃食油回収からディーゼル燃料の代替品であるBDFを作成すれば、大気汚染を軽減できるのではないかということになり、スタートした企画であった。

第二部　持続可能で包容的な地域づくりへの実践

③ESDモデル事業

　あおぞら財団による環境教育の活動が10年を迎える頃になると、教材づくりやイベントを開催する中で、参加者が増えないという課題にぶつかることとなった。あおぞら財団はいろいろな活動の事務局を担っており、それぞれの活動が交流すれば、きっと参加者も増えて協力者も増えるだろうと考えるのであるが、情報を共有する場がなく、そのコーディネートが思うように進まない場合が多かった。そこで、環境省ESD促進事業にあおぞら財団が応募して、地域で活動する人を集めて、活動を共有する場を作るために、西淀川地域でESDを立ち上げた。初年度の2007年に構成メンバーで地域の課題を話し合った。そこで浮きあがった地域の課題は、地域の中で「つながりが切れている」ということであった。

　西淀川は、先の工業専用地域指定反対運動が功を奏して、工場が撤退したのちに空地が宅地化される現象が現れた。大阪の中心地の梅田まで電車で1駅程度の距離感、また神戸や京都への交通の至便性など、交通の便に優れた場所であるがゆえに少子化の時代に人口が増え、2008年に大阪市立御幣島小学校が開校する成長地域となっている。新しい住民が増えるということは、1950～70年代におきた公害の事を知らない人が多くなったことを意味する。それだけでなく、地域の歴史や情報が知らされていないということが明らかになってきた。また、世代間の交流も切れていることが話題となった。ゲートボールを行う高齢者と子ども達の間で遊び場の利用を巡って争いがあるというのである。地域のつながり、世代間を超えたつながり、縦と横の軸がつながる場が必要ではないか、一緒に実践できるイベントが必要ではないかと議論した結果、西淀川高校の菜の花プロジェクトに白羽の矢が立った。西淀川高校の菜の花プロジェクトに、世代を超えた色々な人たちが参画することで、つながりを作ることができるのではないかと考えたのである。西淀川高校も菜の花プロジェクトを地域の人たちと進めることを希望していた。そこで動き出したのが、西淀川菜の花プロジェクトである。

　公害地域におけるパートナーシップの大切さが期せずして確認され、地域

図4-3　西淀川菜の花プロジェクト

西淀川菜の花プロジェクト

西淀川地域は、江戸時代には菜種（菜の花）や棉（わた）などを栽培していました。
現在の西淀川の町を菜の花でいっぱいにして、環境やリサイクルについて楽しく取り組めるようにしたい…
そんな願いをこめて西淀川菜の花プロジェクトを実施しています。

- 大阪経済大学　現代GP地域に開かれた体験型環境・まちづくり教育　学生実行委員　一緒に実践
- 社会教育施設　図書館・生き生き地球館など　一緒にイベントを開催
- あおぞら財団　廃油回収ノウハウの共有　広報の協力
- 行政（府・市）　栽培の情報提供　搾油・阪急バスへのBDF提供　土・堆肥の提供
- 地域の住民　菜の花栽培の手伝い
- ガールスカウト　菜の花の種の配布（緑の募金）
- 地域の中学校　一緒に実践
- 西淀川高校

の人から推進される形になったといえよう。この取り組みでは、世代を超えた交流によって子どもたちのコミュニケーション能力が伸びるという嬉しい効果があった。また学校間や教育施設、薬剤師会が結びつくなどの広がりが生まれてきた。この西淀川菜の花プロジェクトは、町内会や廃油回収業者との連携が進み、大阪市を巻き込むなど現在も広がりを見せている。

4　ステークホルダーをつなぐ力

(1) 様々な立場の視点を学ぶ

①公害教育の需要

　ESDの実践によって、環境学習での連携が進みつつあったが、公害教育の実践の依頼が少ないという問題が浮かび上がってきた。
　この状況を打開する為に、2007年に西淀川公害を伝える活動をしている人たちでワークショップを開催した。そこで明らかになったのは、「そもそも

第二部　持続可能で包容的な地域づくりへの実践

公害って解決しているのかどうかが分からない」「教えたくても、公害の事が分からない」「今の公害教育では被害者の声しか伝わらない」といった意見であった。被害者の声を聞くことしかできない公害教育では、公害を克服する為に、何が必要か分からないというのである。これらの声は、公害被害者の語り部に頼ってきた公害教育の舵を大きく切るきっかけとなった。

②展示パネルの作成とスタディツアーの実施

　これらの事態を打開する為に、「様々な視点」と「いろいろな地域の公害の今を知る」ことの解明に取り組むこととなった。

　様々な視点は、公害に携わった人たちの職務についてである。「医者」「弁護士」「教師」「マスコミ」「学者」「企業」「行政」そして「住民」といった様々な立場の人たちが公害に携わり、問題解決のために尽力している。それらの努力を知ることが、現在の職業教育に通じるのではないかという意図から、あおぞら財団に付属している西淀川・公害と環境資料館（エコミューズ）で、展示パネル「公害―みんなで力をあわせて―大阪・西淀川地域の記録と証言―」をまとめた（右、写真上）。

　また、各地の公害の今の状況を知るために、「公害地域の今を伝えるスタディツアー」を開催した。50人前後の大学生・教員・環境NPO職員などを連れて、3泊4日で公害地域のいろいろな立場の人の話を聞き、現地に提案をする取り組みである。2009年に富山イタイイタイ病、2010年に新潟水俣病、2011年に大阪西淀川大気汚染をテーマにして開催した。この取組みで特筆すべき点は、被告企業の対応である。イタイイタイ病の原因企業の神岡鉱業株式会社（元：三井金属）は、イタイイタイ病裁判の原告であるイタイイタイ病対策協議会（イ対協）との現地調査以外は、外部からの見学に対応しておらず、スタディツアーでの見学が断られた。しかし、ツアーの目的が企業の批判ではなく、企業の対策について聞く事を目的としており、教育のために話を聞きたいと伝えたところ、固く閉ざされた門戸が開くこととなった。同じ事が、新潟水俣病の原因企業である昭和電工株式会社でも行われ、企業の

第 4 章　公害と環境再生

写真4-2　西淀川・公害と環境資料館（エコミューズ）と展示パネル

写真4-3　公害スタディツアーとして昭和電工株式会社本社にてヒアリング

環境経営の考え方を公害の交渉では語られてこなかった視点で聞く事が可能となった。

その後、西淀川では、公害裁判時の企業側の法務担当者へのヒアリング（山岸、2013）や、道路の公害責任を認める判決を書いた裁判官からのヒアリングが実現した。これらは「教育」だからこそ、開く事ができた扉である。

③公害から学ぶこと

このスタディツアーから見えてきたことがある。それは、学生の心持ちの変化である。平穏な世界で生きている学生にとって、このスタディツアーは社会矛盾に初めて触れる場となった。公害という社会矛盾は自分たちが生活する日本で同時期に問題となっており、テレビの向こう側の出来事ではなく、地続きに起こっている身近にある出来事だという事実に衝撃を受ける参加者が多かった。

立場の違う人の真剣な話を聞いて、「自分は何者か」「どうしていけばいいのか」を問いかけられたといえよう。どの公害地域も、公害問題が解決しているわけではない。大気汚染も水俣病も未認定患者が多く、イタイイタイ病は生前認定が難しいという課題も抱えている。地元の人たちの心情に寄り添えば、地元のマイナス情報である公害をわざわざ知りたくないという気持ちを持ってしまうのも理解できる。企業や行政の対応を聞くと、企業だけが悪者ではないように見える。悪者は誰か、犯人捜しをすればいい問題ではないという混沌とした現状に気がつく。混沌とした現状の前に、現場に感情移入してしまい、情報を整理できずに混乱してしまう学生も多かった。自分の意見を語ることができなくなってしまうのである。過去の悲惨な公害の状況を学ぶだけでは見えない世界があった。一方通行的な視点しかもっていなかった学生が、同じ地平に違う視点を持つ人たちがいるという事を知ることのコペルニクス的転回は文字で読むだけではわからなかった衝撃を与える。ただ責めるだけでは公害が解決しないということを知るのである。このスタディツアーは、物事を多面的に見て、批判力を養うことにつながったのである。

第4章　公害と環境再生

　また、学生の真面目さにふれて、現場が活気づいた。多様性に気がつくことは公害地域に住む人にとっても、重要なことであった。公害問題は、当事者間の閉じた交渉になりやすい。交渉は市民が事態を理解して学び、当事者の利害調整をしてまとめるという、共同体として生きるために必要な能力が養われることとなる。そこに、学生が意味を見つけて、被害者を尊重して、新しい視点で地域の問題に取り組むこととなれば、公害反対運動が築いてきた市民力を継承することにもなる。学んだことを地域に還元していくために、学んだことを内に秘めるのではなく、発信して共有することで、地域も変わっていくのである。

　公害教育というのは、事実を暗記するものでもなく、被害だけを学ぶものでもない。公害の被害を発見して問題として捉え解決してきた市民の努力を学ぶところにある。市民力を養う重要な役割を担っているのである。

　公害教育が、ESDとして機能した場合、様々なステークホルダーをつなぐ役割を担う可能性がある。地域再生のためには、様々なステークホルダーがつながることが求められている。ゆえに、現在の公害地域の再生にESDが欠かせない役割を担っていると言っても過言ではない。顔が見える関係になるためには、教育という接着剤が有効であるのだ。

(2) 公害資料館の連携

　スタディツアーの経験は他の公害地域へのインパクトとなり、公害資料館の連携につながっていく。スタディツアーは環境学習が築いてきた参加型学習の手法を取り入れたものであったが、参加型学習の可能性を知った新潟県立人間と環境のふれあい館—新潟水俣病資料館—の塚田眞弘館長が、あおぞら財団と共に公害資料館の連携を図ることを提案した。

　あおぞら財団では、四日市で公害資料の保存を訴えるシンポジウム「公害・環境問題資料の保存・活用ネットワークをめざして」(2002) の開催、大気汚染公害資料の保存場所の調査や、大気汚染公害裁判の資料公開のために環境再生保全機構と協働して「記録で見る大気汚染と裁判」(http://nihontaikiosen.erca.go.jp/taiki/）というウェブサイトの開設など、公害反対運動の資料保存の重要性を訴え、情報の共有を図ってきた。そのため、塚田の提案はあおぞら財団としても望んでいる事であり、2013年度の環境省地域活性化を担う環境保全活動の協働取組推進事業に応募、採択されることとなった。

　公害資料館が整備されたのは、近年の事である。公立の機関として成立したのは、熊本の水俣市立公害資料館、国立水俣病総合研究センター水俣病情報センター、前出の新潟県立人間と環境のふれあい館―新潟水俣病資料館―、富山県立イタイイタイ病資料館がある。私設のものとしては水俣病センター相思社の水俣病歴史考証館や、あおぞら財団の西淀川・公害と環境資料館（エコミューズ）などがあるが、その他にも、尼崎南部再生研究室（あまけん）、一般社団法人あがのがわ環境学舎、公益財団法人水島地域環境再生財団（みずしま財団）などが、公害地域でフィールドミュージアムの活動をとりいれてまちづくりを行っている。

　これらの団体が活動していることを、他の公害地域が知っているのかと問われれば「知らない」と答える。団体の活動だけではない。他の公害を知らないのである。公害について語る時に、全国的な公害との関係性が見えていないことが、公害の語りを狭くしている原因でもあった。公害資料館の連携によって情報を共有することが望まれていたのである。

　2013年12月7日〜8日に、新潟で「わくわくひろげよう公害資料館の"わ"」と題して公害資料館連携フォーラムを開催し、資料館だけではなく、地域再生を行っている団体、研究者、被害者団体など94名が集まり、展示やCSR、地域づくり、資料の保存と活用、資料館の運営問題について議論を交し、これから公害資料館が連携していくことを確認した。

　公害を伝える基礎に資料の保存があること、被害者に寄り添う大切さ、地域再生の大切さ、被害を伝える事だけでなく、そこからの人材育成が問題であることが、様々な事例を基に議論されることとなった。議論の内容だけではない。各地で公害を伝えることに苦心していた人たちが、一堂に会し、同じ悩みを抱えている同志がいることのよろこびに満ちた熱はあつかった。こ

第4章 公害と環境再生

写真4-4 公害資料館連携フォーラム（2013年12月7日〜8日）

れまで交わることのなかった、イタイイタイ病の地域再生の成果が多くの人に知られて、企業との関係性を作る議論の土台となった。大気汚染で行われている地域再生と新潟でのもやい直しの活動が一緒に議論される事もこれまでなかった。公害地域の活動は、ローカルの問題となりやすい為に、他の地域の人たちが知ることができなかったのである。

　人と人がつながる事、各地の経験が交流される土台は整ったばかりである。これから、公害を学ぶことの意義については、各地の実践を積み上げていく中で明確になっていくであろう。多彩な地域色に富んだ公害教育が展開されていくこと、学ぶための公害資料館が整備され、公害資料が保存されていくなかで、また新しい形が生まれてくるだろう。

第二部　持続可能で包容的な地域づくりへの実践

5　環境教育と開発教育の実践的統一 ── その可能性と展望

　公害教育は環境教育の出発点の一つであるが、公害問題が含んでいる社会矛盾を問いかけるという部分では、現行の環境教育の中で継承することはできていなかったといえよう。また、公害教育も環境教育の参加型学習の形を取り入れることができず、正しい公害の事実を伝えることによって差別を軽減しようという形から出ていないといえる。

　公害問題は、南北問題が国内で生じたようなものである。現在の公害教育は開発教育の視点を取り入れながら、公害の素材を用いて、環境教育として地域再生を通じてこれから実践を取組んでいこうという、まだスタート地点に立ったばかりと言えるのではないだろうか。

6　おわりに

　公害はコミュニティの破壊と言われている。実際、西淀川の様に公害反対運動が活発に行われた地でさえ、地元の人にとって公害を語ることは、大っぴらにはできない空気がある。共に地域再生の活動をする人にさえ「もう公害の事は言わないでほしい」とコメントされることがある。その発言をした人は、息子が公害認定患者である。公害の被害は個別に複雑で、非常にデリケートな問題であり、一般化が難しい課題である。それだけに、お互いの意見を聞き、立場を理解することが求められている。その聞く耳となるのが、公害を学びたいという「教育」なのである。聞くことができれば、差別や無理解は生じにくい。公害の見方は千差万別であり、事実誤認を正すことはできるとしても、様々な見方を否定することはできない。色々な立場の人がいることを認めて、受け入れることからパートナーシップは始まっていく。パートナーシップの基礎を公害教育は築くこととなる。だからこそ、公害教育は、地域再生の重要なポジションを占めているのだ。

第4章　公害と環境再生

　公害教育は、公害地域を持続可能な地域に変化させていく可能性を持っている。

引用文献

井上善雄「西淀川公害訴訟に関する弁護士の活動」（除本理史、林美帆編著『西淀川公害の40年』ミネルヴァ書房、2013年）177～183ページ。

片岡法子「地域の環境再生と環境診断マップづくり」（石川聡子編『プラットフォーム環境教育』東信堂、2007年）95～96ページ。

西淀川公害患者と家族の会『西淀川公害を語る』（本の泉社、2008年）。

林美帆「西淀川の公害教育」（除本理史・林美帆編著『西淀川公害の40年』ミネルヴァ書房、2013年）93ページ。

藤岡貞彦「公害と教育」（日本教職員組合編『日本の教育　第20集』日本教職員組合、1971年）532ページ。

松岡弘之「臨海部開発と地域社会」（除本理史、林美帆編著『西淀川公害の40年』ミネルヴァ書房、2013年）112～116ページ。

山岸公夫「被告企業から見た西淀川公害訴訟」（除本理史、林美帆編著『西淀川公害の40年』ミネルヴァ書房、2013年）188～216ページ。

除本理史「公害反対運動から「公害地域のまちづくり」へ」（除本理史、林美帆編著『西淀川公害の40年』ミネルヴァ書房、2013年）16～18、18～22ページ。

第5章　自然保護から自然再生学習を経て地域づくり教育へ
　　　——教職教育の立場から

降旗　信一

1　はじめに——問題の設定と方法

　自然保護教育と自然体験学習の関係性について小川（2009）は、「自然保護から生まれた自然体験学習」という独立章を設定した。自然体験学習には、理科学習としての基礎をなすものとしての理解や野外教育としての理解もあるが、「自然保護から生まれた自然体験学習」という両者の関係の示し方がなされたことは、環境教育としての自然体験学習の位置づけの理解が1つの段階に達したといえる。

　自然保護教育は、金田平・柴田敏隆により1955年に創設された三浦半島自然保護の会を舞台に展開された活動を出発点とし、採集否定を前提とした自然学習が模索された。自然保護教育は、Conservation（保全）の立場をとりつつ、人類の共有財産としての自然を未来の世代の人々のために残すこと＝「自然保護」のための教育として、自然観察、自然体験をその主要な方法としながら発展してきた。本章では、環境教育と開発教育を統一する「持続可能で包容的な地域づくり教育（ESIC）」の検討材料の1つとして、「地域づくり教育」を発展させていく上で不可欠な学びとそれを援助・組織化する教育実践の役割を自然保護教育の展開に即して整理する。なお、筆者は前述の「自然保護から生まれた自然体験学習」の実践者としての経験を有しているが2010年度以降、大学に籍を移し、現在は開放系（農学系）の大学及び大学院で教職教育（理科教員・農業科教員の養成）を担当している。

　経済成長を最優先する社会のための人材育成を目指した従来型の学校教育

第二部　持続可能で包容的な地域づくりへの実践

観の中で、自然保護教育や自然体験学習は主要な関心領域としては認められず、むしろ市民運動（NPO・NGO）や社会教育（公民館・青少年教育団体や施設）の中で発展してきた。一方、今日の教育改革をめぐる一連の動きの中で学校教育自体も大きく変化しつつある。例えば、今日の教育委員会制度改革で示されている改革の方向は従来の教育委員会の独立性を廃し、首長による教育内容への関与を高める方向で議論されているが、これが教育における地方分権、地方の自律性を一層推進する方向で働くのであれば、地域の持続的発展を目指す首長の中には環境や持続可能性を教育内容の前面に押し出そうという主張をする首長も現れるかもしれない。だがむしろ、このような見方は楽観的すぎであり、現実には現在の教育委員会制度改革の方向では、TPPの導入の結果、競争主義、社会的格差、貧困が現在以上に拡大、増加するとみるべきという批判も十分に成り立つであろう。さらに、特定秘密保護法の制定、国家安全保障会議の設置がすでになされ、今後、国家安全保障基本法の制定、集団的自衛権の解釈変更を経て、憲法改正を行うという政治的手順に日本政府の最高責任者が明確な意思を示し、政権与党が衆参両院で圧倒的過半数を占めているという現実を直視すれば、本書で筆者らが語る「地域づくり教育」において、主権者のもっとも身近な地域の中核的な教育機関である学校教育をその射程に入れないわけにいかないであろう。

　本章ではこのような立場から地域づくり教育として学校教育と社会教育双方を射程にいれた自然体験学習（自然保護教育実践）の今日的状況を示し、その学習原理とそこから導き出される課題を明らかにした上で、今日の教育現場におけるこの教育実践の固有の役割とその論点を示す。

　本稿の構成は、まず教育実践についての教育学研究と環境教育学研究においてのこれまでの「教育実践」に関わる議論を「環境教育実践の分析の視点」として整理する。さらに自然観察・自然体験といった従来の実践形態が、地域づくり学習を強く意識した形での自然・地域再生へと発展しているという現状を踏まえつつ、「自然再生の学習原理」として従来の自然観察・自然体験の学習原理の本質を含みつつもなお、従来の実践では十分に意識されてこ

なかった自然保護教育の固有の学習課題としての生態学的持続可能性とその学習形態としての自然再生学習を提起する。

2　環境教育実践の分析の視点

(1) 教育実践をめぐる2つの立場

　地域づくり教育のあり方を論じるにあたり、そもそも教育学研究において教育実践はどのように理解されてきたかを確認しておく必要があろう。以下の既往研究は古典的研究といってよいものだが「教育実践」にかかわる異なる2つの立場を明確に示しており後の議論とも関連すると思われるので本章の議論を展開する上で入口的な理解として示す。海老原（1973）は、教育実践の内的構造を教育者、被教育者、教育内容、教科、教育手段、学校などとして整理した上で、「教育実践」概念を、「教育政策」と「教育運動」に関わって考察すべきものとした。ここでの「教育政策」とは、国家権力による教育行政施策の体系であり、教育運動はこれに対決する反体制の教育運動とされる。そして、教育実践は、帝国主義段階において、初めて結集することになった教育労働運動の結成によって本格的展開が始まったとし、大正期における自由教育運動を、天皇制教学に抗して、人間教師としての自覚、児童解放をめざした教育実践として、これを（本格的な）教育実践の前段階と位置づけている。一方、同じ教育学研究において太田（1986）は、「子どもたちにも現代社会が必要とする政治的、経済的、文化的なさまざまの要求にみあった能力を身につけることを求めることを否定するのではない（中略）けれども、その前提として、一人ひとりの子どもが、人間としての資質を豊かにきたえるという働きかけが中心にあって、それが教育実践といわれるに価する内実であらねばならない」と述べている。今日の自然体験学習は、この両者の考える教育実践のいずれにも該当するものといえるが、社会的背景や歴史的な位置づけを意識する点では、前者の見方のほうが位置づけはより明確であろう。一方、教育を行うものは常に目の前の子ども（学習者）に意識を

第二部　持続可能で包容的な地域づくりへの実践

集中すべきという後者の主張も軽視はできない。この議論はさらに深める必要があるかもしれないがここでは、前者を「政策と運動のための教育実践」、後者を「子どもと学習者のための教育実践」と区別しておこう。

（2）環境教育実践の視角としての「道具的メンタリティ」と「反省的メンタリティ」

　環境教育実践を扱った研究は数多いが、環境教育実践の分析の視角を示した研究としては原子（2009）がある。日本環境教育学会誌20周年特集号の総括論文として掲載された原子（2009）は、日本の環境教育研究と欧米の英語圏環境教育界との実践分析の視角としての対比を「道具的メンタリティ」、「反省的メンタリティ」として明確に示した。ここでは、環境教育実践史として環境教育研究を総括するという立場から選定された8テーマ（自然保護教育と自然体験学習、公害教育と地域づくり・まちづくり学習、学校教育としての環境教育、幼児教育・保育と環境教育、食と農をめぐる環境教育、ライフスタイルをめぐる環境教育）のレビューという研究総括の枠組みを、環境教育政策関係者が作成した環境教育プランあるいはガイドとの類似のもの（または符号するもの）とした。その上で、原子（2009）は、このような総括の枠組みの前提としてのメンタリティ（心的動向、心の構え、態度、事柄への向き合い方）を「措定された目的・目標を所与のものとして受け取り、いかにして効率よく効果的にその目標を達成するかを考慮して知識を応用する」という特徴をもつ「道具的メンタリティ」とした。そして、これに対するメンタリティとして、「自明の理とされていること（たとえば信念、価値観、生活様式化した行為、社会構造など）とその社会・文化・歴史的文脈に目を向けて分析し、それがどのような前提の下に成立しているのかを解明し、想像力を働かせてそれに代わるものを探究する心の構え」を特徴とする「反省的メンタリティ」を提起し、英語圏環境教育界における環境教育研究史の概観を通して、この「反省的メンタリティ」に基づく研究総括のあり方を示した。

第5章　自然保護から自然再生学習を経て地域づくり教育へ

　英語圏環境教育界における環境教育研究史の1つの総括であるReid & Scott（2006）が、「ある研究領域を発展させるためには、政策と実践をエビデンスベースのアプローチによって前進させなければならない」としながらも、同時に「『エビデンスベースのアプローチ』というときに、それは正確には"エビデンスに基づく政策"ではなく"政策に基づくエビデンス"なのではないだろうか？」と自問しているように、環境教育実践の評価軸を「有効性」とした場合、その前提となっているものに無自覚になってしまうことに注意を払わねばならない。この意味で、「道具的メンタリティ」と「反省的メンタリティ」という視点は、研究総括のあり方のみならず環境教育の名のもとに展開される各実践を問う1つの分析の視点にもなりうるであろう。

（3）教育実践を問う2つの軸からみえてくる環境教育実践者の成長のプロセス

　「政策と運動のための教育実践」と「子どもと学習者のための教育実践」、「道具的メンタリティ」と「反省的メンタリティ」という2つの実践を見る軸を**図5-1**に示した。このような視点の軸を設定することで何が見えてくるだろうか。

　例えば、開放系大学の教職専任教員である筆者の身近には、大学を出たて

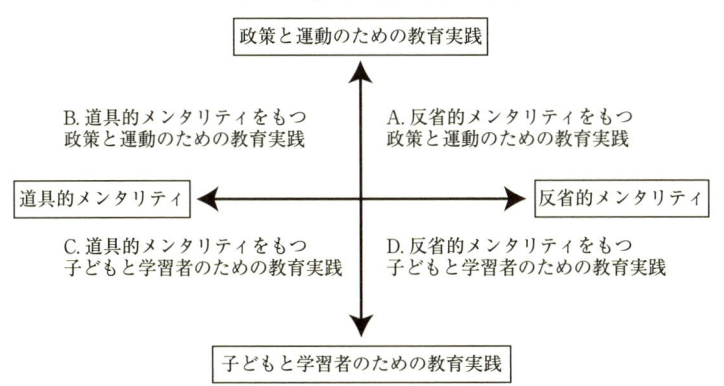

図5-1　教育実践を問う視点

```
              政策と運動のための教育実践
                      ↑
  B.道具的メンタリティをもつ   │   A.反省的メンタリティをもつ
  政策と運動のための教育実践  │   政策と運動のための教育実践
                              │
  道具的メンタリティ ←────────┼────────→ 反省的メンタリティ
                              │
  C.道具的メンタリティをもつ   │   D.反省的メンタリティをもつ
  子どもと学習者のための教育実践│   子どもと学習者のための教育実践
                      ↓
              子どもと学習者のための教育実践
```

第二部　持続可能で包容的な地域づくりへの実践

の新人教師、あるいは教師を目指している教職課程在籍者の学生たちがいる。彼らの多くは、筆者の目には、図5-1の「C.道具的メンタリティをもつ子どもと学習者のための教育実践」の位置にいるように見える。自分の目の前にいる児童・生徒に、いかに効果的な教育活動を展開するのか、あるいは保護者や管理職や同僚からの要求にこたえることに意識が向いていて、そうした要求の背後にある社会的な価値観や志向性や思想にまで意識が及んでいるようには見えない。一方、ベテラン教師と言われる人たちのなかには、自分の知識と経験を活かして指導的教師になろうとする人たちがいる。例えば、校長や副校長などの管理職を目指す教師、指導主事などの教育行政職を目指す教師の意識は、次第に「現場の子どもたち」から「教育政策」へと向かうのではないかと思われる。つまりこのような教師たちは「B.道具的メンタリティをもつ政策と運動のための教育実践」へと移行していくといえる。ベテラン教師のなかには、管理職や行政職に関心をもたず、自分の教育実践を学会や研究会で報告したり、書籍や報告書などの形で客観的に記述し、他者からの評価を求める人たちもいる。自分の教育実践を記述し、報告することがそのまま「自明の理とされていることとその社会・文化・歴史的文脈に目を向けて分析し、それがどのような前提の下に成立しているのかを解明し、想像力を働かせてそれに代わるものを探究する心の構え」という先の反省的メンタリティに基づき行われるとは限らず、むしろそれが道具的メンタリティに基づき行われる場合もあるだろう。だが、既存の評価体系から一歩踏み出して新しい評価体系のなかで自分の主張を論理的に展開しようとするような場合（一例としてあげるならば社会科学系の博士論文のようなレベルで自分の研究を完成させようとするような場合）には、必然的に反省的メンタリティをもつことになるのではないだろうか。これが「D.反省的メンタリティをもつ子どもと学習者のための教育実践」に位置する教師であり、さらにそうした教師が、何らかの指導的教師の立場にたつ存在になったとき、その教育実践は「A.反省的メンタリティをもつ政策と運動のための教育実践」となる可能性があろう。このような教育実践者の変化のプロセスは、学校教員のみな

第5章　自然保護から自然再生学習を経て地域づくり教育へ

らず社会教育・生涯学習に分野においても説明可能と思われる。学校教育にせよ社会教育・生涯学習の領域にせよ、教育実践者が研究を行うということは、このC→A（CとAとの間にBまたはD、あるいはB及びDを経由することが十分予想される）のプロセスを経るという点で教育実践者の成長の過程といえる。このことはさらに、教育実践を評価する際の視点としての、教育実践者自身の成長のプロセスをどうみるかという視点にもつながる。従来の教育実践に関する評価の多くが教育実践の対象者である子ども（学習者）の変化に注意を向けてきたのに対し、この新たな視点は教育実践者自身の変化に目を向けている。

3　自然再生学習の学習原理

（1）環境教育実践を問う固有の視点としての「生態学持続可能性」

　前節で教育実践を問う視点を述べたが、この視点をそのまま自然保護教育実践を分析する視点としてみても、矛盾は生じないであろう。だが自然保護教育実践と言うからには、その実践を問う視点のなかに自然保護教育としての固有性がなければならない。筆者は、それを教育と持続可能性の初期の議論の中でFien & Tilbury（2003）が示していた「生態学持続可能性」を学習課題としてどう学ぶかという問題にかかわっていると考えている。「生態学持続可能性」について、Fien & Tilbury（2003）は「相互依存」、「生物多様性」、「環境に対する負荷を軽減した生活」、「種間の公正」という4つの原則として説明している。だが、先に示したような教育実践を念頭においた場合、ここで我々は近代公教育制度において、「自然・環境」とは、支配・制御可能なものであり、教育はこの文脈において「生産のために自然・環境を支配・制御する方法の伝授」として、すなわち「環境」と「教育」とは対抗的関係として理解されてきたという両者の歴史的関係に着目する必要があろう。すなわち、近代公教育制度において生態学持続可能性は一面的に利用されることはあっても、人間が教育によって身につけるべき資質・能力としては位置

第二部　持続可能で包容的な地域づくりへの実践

付けられてこなかったのである。こうした状況のなかで、「生態学持続可能性」を重視した教育実践は国家の意思や統制からやや距離をおいたところで展開される地域の市民運動（およびそれに共感する教師）や国家を超えた国際社会の連携の取り組みとしての国連やNGO活動における教育実践として培われてきた。こうした時代（例えば1970年代）を経て、今日では教育基本法の中にさえ「生命を尊び、自然を大切にし、環境の保全に寄与する態度を養うこと（第2条4項）」といった文言が入るようになった。その重要な転換期は1992年の地球サミットとその後の日本での1993年の環境基本法の制定に始まる一連の環境政策の転換にあるが、こうした政策の転換の影響をうけつつも、「生態学持続可能性」を重視した教育実践、すなわち自然保護教育実践の学習形態と各形態における学習原理がどのように変遷してきたのかも実践を分析する自然保護教育固有の重要な視点といえよう。

（2）自然保護教育実践の学習形態としての自然再生とその学習原理

「自然観察」の学習原理は「採集しない」、「もちかえらない」という原則を維持しながら、自然のしくみや人間とのかかわり合いの現状と自然を大切にするという価値観を学ぶことであり、また「自然体験」という学習形態の学習原理は、自己（主体）と自然（客体）との統一であり、（自然と人間が）つながっていることを実感的に学ぶことである（降旗、2012a）。日本環境教育学会誌「環境教育」では、2013年に「自然保護教育、自然体験学習における生涯教育」特集号を刊行した。この2013年特集号の各論考で紹介された実践のみならず、例えば日本各地で活動する自然学校が、最近では「地域づくり』を重視するように変化しており、地域の再生・復興を含む「自然再生」の学習形態へと各実践が展開しつつある。

自然再生学習の先駆的事例としては、北海道浜中町の霧多布湿原センターの事例がある。ここでは湿原に「ほれた」来住者と、湿原を「楽しむ」その仲間たちの活動によって始まった活動が、環境保全活動として地域に定着し、湿原を中心とした地域づくり運動へと発展し、保全のためのNPOの設立に

第5章　自然保護から自然再生学習を経て地域づくり教育へ

表5-1 自然保護教育実践の学習原理

学習形態	自然観察学習	自然体験学習	自然再生学習	地域教育計画学習
学習内容	自然観察（親しむ・知る）	自然体験（つながる）	自然再生（地域再生・復興を含む）（つくる）	地域教育計画（地域の未来のあるべき姿を実現する教育計画）（まなぶ）
学習課題	自然の大切さ、自然のしくみ	人間と自然との一体感、人間が自然に与える影響（自然が人間に与える影響）	地域づくりの方向、一次産業・地域資源立脚型産業のあり方、公共事業のあり方	公教育（学校教育・社会教育・NPOなど地域組織・団体）を含めた地域教育計画のあり方
学習組織	自然観察会、自然保護団体、学校、社会教育施設	自然学校、学校、社会教育施設	地域学習組織のネットワーク（学校教育・社会教育・NPO・地域産業振興組織などを含む）拠点	地域環境教育推進協議会（地域の政治的意思を反映させる組織）
先駆的実践例	三浦半島自然保護の会、自然観察会、日本ナチュラリスト協会など	ホールアース自然学校、キープ協会など（降旗、2012b）	霧多布湿原センター（鈴木・伊東、2001）（降旗、2014）	「環境教育等による環境保全の取組の促進に関する法律（2011）」に基づく環境教育等推進協議会※

※地域教育計画学習の先駆的実践例として、「環境教育等による環境保全の取組の促進に関する法律（2011）」に基づく環境教育等推進協議会があるが、学校教育制度の中での環境教育の位置づけが曖昧なこと、一部の都道府県・自治体による設置のみで全体として設置数がまだ少ないこと、委員の選定方法など課題は多い、

いたる1980年からの20年以上に及ぶ実践が展開されている（鈴木・伊東、2001）。また、その後、北海道浜中町での湿原保全運動は、2000年にトラストが設立され、2004年6月には北海道で初の認定NPO法人となった。さらに2005年4月にはそれまで浜中町営だった霧多布湿原センターを指定管理者として町から管理委託を受ける形で今日に至っている（降旗、2014）。この自然再生学習の学習原理は、「つくる」「とりもどす」であり、自然的循環の一員として常に身の周りの自然と体験的に関わりながら暮らすことの大切さとその方法としての「自分たちの暮らす地域をどう創造していくか」という地域づくり学習としての学習課題を有している（**表5-1**）。一方、本章の冒頭にも述べたように自然保護教育や自然体験学習は市民運動（NPO・

NGO）や社会教育（公民館・青少年教育団体や施設）の中で発展してきたこともあり、学校教育の中で、こうした課題をどう扱うのかについてまだ十分に検討されておらず、今後の重要な研究・実践上の課題といえるであろう。

（3）「再生」というキーワード—リジリアンス論からの提起

　前述のように自然保護教育実践の今日的状況として、地域づくり学習を強く意識した自然再生・地域再生活動が広く展開されているとみてよいであろう。こうした「再生」を語る際、例えば自然再生推進法が、「過去に損なわれた生態系その他の自然環境を取り戻すこと（第1条）」と「再生」を定義しているのに対し、我々はこの「再生」の意味をよく検討する必要がある。ここではリジリアンス（復元力）論（降旗信一・二ノ宮リムさち・野口扶美子・小堀洋美、2013）が提起する「社会システムと生態システムの統一的理解」の必要性を指摘しておきたい。

　リジリアンスとは、「社会—生態システム」の中での「攪（かく）乱」に対する適応力であり、「個人に対するリジリアンス」として「取り戻す、回復力」、「システムに対するリジリアンス」とは「ストレス吸収力」「リスク予知・防御力」「適応的反応力」「回復力」の4つの力の総体としての「復元力」がある。リジリアンスをこのように整理するとリジリアンス学習は、個に対応するリジリアンスとシステムに対応するリジリアンスをそれぞれ人間と自然とに対応させた学習となる。再生の意味を自然環境の中でのみ考えるのではなく社会—生態システムのなかで捉えるという点でリジリアンス論から学ぶことができる。Krasny & Roth（2010）は、持続可能な社会のための教育では、適応力（Adaptive capacity）と復元力（リジリアンス）を個人と組織（社会）の双方に育む必要があり、そのために自然再生活動において「適応的管理を共同で行う学習が有効」としている。ただし、ここで紹介されている事例は、ある河川の日常的な状況の中で展開されており、その地域一帯の全ての人々にとって必ずしも共通の課題として高い関心をもって認識されているわけではない。つまりこの事例は環境保護活動に日常から高い意

第5章　自然保護から自然再生学習を経て地域づくり教育へ

識を有している人々の学習とみることができる。その一方、東日本大震災の津波被災地では、その地域一帯の全ての人が当事者として共通の課題意識を有しており、被災後に生まれた新たな住民の学習の中で「適応的管理を共同で行う学習」が様々な形で展開されている。それらは、「被災地住民により設立・運営された組織・個人の学習」、「被災地への支援者により設立・運営された組織・個人の学習」、「被災地住民（組織・個人）と支援者（組織・個人）の協働による学習」という形で整理することができる（孫、2014）。

この事例でとりわけ注目すべきは、「被災地住民（組織・個人）と支援者（組織・個人）の協働による学習」であろう。宮城県南三陸町の被災後の緊急支援期において、被災地住民により設立された伝統的組織である「伊里前契約会」と被災地への支援者により設立された「RQ市民災害支援センター」の協働による復興支援活動が展開された。この協働は、伊里前小学校のA教諭の仲介によるものだった。A教諭は、くりこま高原自然学校によって実施された2008年6月に発生した岩手・宮城内陸地震の支援活動に参加していた。この時の縁で、震災後にA教諭の仲介により、RQ市民災害救援センターのH代表と伊里前契約会のC会長が出会った。またA教諭は、伊里前契約会メンバーである漁業関係者や南三陸町の行政担当者とともに「総合的な学習の時間」において、子どもがワカメの養殖を復活させていくプロセスを学ぶなどの授業実践を展開している。A教諭は、震災前から気仙沼市におけるESD実践の中核メンバーとして活動しており、閉鎖社会とオープンな関係から生まれる新しい未来を考えていた。このようなA教諭の活動に、児童・生徒の社会生態システム論的リジリアンスを高める教育におけるファシリテーターとしての教師の可能性を見ることができる（鄭、2014；加賀、2014）。

4　おわりに

本章は、持続可能な地域づくり教育に向けて、自然保護教育・自然体験学習の観点から、さしあたって議論の入り口となる問題整理と仮説設定を行っ

第二部　持続可能で包容的な地域づくりへの実践

たにすぎないが、そのレベルにおいても見逃している重要な論点が多々あるかもしれない。例えば、原子の「反省的パラダイム論」の原型と考えられる社会批判的環境教育の実践イメージが、1960年代に日本で生まれた公害教育とされている（小栗、2011）という点を考慮すると先に述べた筆者の「反省的パラダイム論」への理解はまだ浅いのかもしれない。おそらく現在の筆者の立ち位置からは見えていないものが数多くあるのだろう。さらに、東日本大震災・福島原発事故と自然体験学習論との関係についても、どのような視点で論じるべきか、本章ではふれることのできなかった被災地の防潮堤問題も含めた大きな課題が残されている。今後さらに考えていきたい。

引用文献
海老原治善「教育実践と教育学」（『教育学研究』Vol.40　No.4、1973年）374〜379ページ。
J. Fien & D. Tilbury,「持続可能性に向けたグローバルな挑戦」（『IUCN教育と持続可能性（小栗有子・降旗信一監訳）』レスティー、2003年）16〜26ページ。
降旗信一「環境思想における「教育」の位置づけをめぐる考察—J.ロックの所有・共有地概念に着目して」（『環境思想・教育研究』4、2010年）22〜28ページ。
降旗信一「環境教育の目的と方法①—児童・生徒の環境保全認識向上につながる自然観察・自然体験—」（『環境教育』教育出版、2012a）107〜118ページ。
降旗信一『現代自然体験学習の成立と発展』（風間書房、2012b）252ページ。
降旗信一『ESD（持続可能な開発のための教育）と自然体験学習—サステイナブル社会の教職教育に向けて—』（風間書房、2014）288ページ。
降旗信一・明英「農村の地域再生に向けた長期災害復興ボランティアの主体形成：宮城県石巻市立A小学校区の報告から」（『自然体験学習実践研究』4号、2014年）。（投稿中）
降旗信一・二ノ宮リムさち・野口扶美子・小堀洋美「環境教育の再構築に向けたリジリアンス研究の動向—災害に向き合う地域の力」（『環境教育』23巻2号、2013年）47〜58ページ。
降旗信一・広瀬敏通・佐々木豊志・高田研・高木晴光・伊藤聡・柏﨑未来・進士徹・能條歩「被災地における救援と復興支援—被災地で自然学校にできたこと、これからやろうとしていること—」（『日本の環境教育』第1集、2013年）27〜34ページ。
原子栄一郎「環境教育というアイディアに基づいて環境教育の学問の場を開く」（『環境教育』20巻3号、2009年）88〜101ページ。

第5章　自然保護から自然再生学習を経て地域づくり教育へ

加賀芳恵「学校と地域の連携によるESDの今日的課題―気仙沼市におけるESDを事例に―」(日本環境教育学会関東支部大会（2014年3月）発表要旨、2014年)。
Marianne E. Krasny & Wolff Michael Roth, Environmental education for social-cological system resilience: a perspective from activity theory, *Environmental Education Research*, 16:5-6, 2010, 545-558.
小川潔「自然保護教育の展開から派生する環境教育の視点」(『環境教育』Vol.41、2009年) 68～76ページ。
小栗有子「徳之島から立ち上げる環境教育研究―研究の枠組を広げることを求めて―」(『鹿児島大学生涯学習教育研究センター年報』8、2011年) 5～18ページ。
太田堯「教育実践と教育学」(『教育学研究』Vol.53 No.3、1986年) 1～8ページ。
Alan Reid & William Scott（2006）: Researching education and the environment: retrospect and prospect, *Environmental Education Research*, 12:3-4, 571-587
孫文「リジリアンス（復元力）を高める学習とは―東日本大震災の津波被災地をケーススタディとして―」日本環境教育学会関東支部大会（2014年3月）修士論文博士論文発表会発表要旨、2014年。
鈴木敏正・伊東俊和編著『環境保全から地域創造へ―霧多布湿原の町で（叢書地域をつくる学び）』(北樹出版、2001年)。
鄭いか「3.11津波災害で食農教育の何が変わったか―宮城県南三陸町立伊里前小学校A教諭のライフヒストリー―」日本環境教育学会関東支部大会（2014年3月）発表要旨、2014年。

第6章　途上国における持続可能な地域づくりと環境教育・開発教育
——ドミニカ共和国におけるJICAプロジェクト「TURISOPP」をもとに

吉川　まみ

1　はじめに

　本章は、(独)国際協力機構（JICA）とドミニカ共和国との連携によって実施されたエコツーリズムによる持続可能な地域づくりをめざした経済開発プロジェクトTURISOPP[1]を事例とする。経済開発プロジェクトであったにもかかわらず、通常の経済開発とは異なり、工業化や外資による外発的開発によらず、地域や自分たち自身に内在する豊かさを資源とする内発的開発アプローチによるこの取り組みには、参加した地域住民たちの自発的な学びやつながりの創出など、著しい地域の変化が見られる。そこで、現地でのプロジェクト参加および調査をもとに、地域アイデンティティの再構築によるこれからの地域づくりとその担い手育成としての教育・学びの可能性の提示を試みたい。

2　ドミニカ共和国の開発の問題

　ドミニカ共和国は、1492年コロンブスが発見した"新大陸"イスパニョーラ島をハイチ共和国と二分するカリブ海域の島国である。1493年、スペイン人による最初の定住地が建設され、1804年独立、1865年再独立によってドミニカ共和国となるまで植民地下にあった。
　現在、国全体としてGDP成長率は高く国際社会から「中進国」とみなさ

第二部　持続可能で包容的な地域づくりへの実践

写真6-1　ラ・イサベラ遺跡記念碑（2013筆者撮影）

れているが、内実は国民の過半数が貧困層に属し、激しい貧富の格差は拡大傾向にある。これらの問題は、"支配－従属関係"に根ざす植民地時代の利権の独占的支配に対して、富の分配を促す諸制度改革や、貧困層に対するベーシック・ヒューマン・ニーズの確保、教育、社会保障などが十分になされてこなかったことにその一因があると指摘されている。

　コロンブスが名づけたプエルトプラタ（銀の港）は、カリブ海の美しさのみでなく、自然豊かな山野にも恵まれ、ドミニカ共和国の中でもとりわけ風光明媚な国内有数の観光地域である。1970年代政府によって「観光地開発第1号」に指定され、世界銀行や米州開発銀行の支援を受けて、リゾートホテル産業が開発された。以降2000年頃までは観光客が押し寄せ、"プエルトプラタ"が"カリブ海・ビーチ・リゾート"の代名詞になるほどであった。しかし、施設の老朽化、競合する国内外のビーチ・リゾート開発の進展により、2000年以降衰退の一途をたどりはじめた。こうした状況に対して、観光セクターへの国際機関の支援が10年間続けられてきたが、その対象は直接観光産業にかかわるアクターに限られていた。また、通常のビーチ・リゾートの開発は、資本家による典型的な"オール・インクルーシブ"形式で実施されるため、わずかな低賃金労働の雇用創出のほかは、地域と地域住民への裨益は少ない[2]。

　プエルトプラタ県の北西部に位置するルペロン市は、行政特別区含め人口約19,000人ほどの小さな街である。ルペロン市の歴史地区「ラ・イサベラ」は、1493年コロンブスによってつくられた初めてのヨーロッパ人の定住地で、入植当時、そこでは先住民タイノ族が豊かな社会を形成していた。開放的で穏やかな気質、多神教であったタイノ族は、スペイン人を「神様がやってきた」

第6章　途上国における持続可能な地域づくりと環境教育・開発教育

と大歓迎したと伝えられる。しかし、タイノ族やコロンブスに連れてこられたアフリカ人奴隷たちは、入植者による"支配－従属関係"のなかで、言語、宗教、文化、社会など、アイデンティティの基盤を失っていった。同時に、自然資源に大きく依存した当時の生活様式は、人々や家畜とともに入ってきた外来種による地域の固有種減少など、自然環境の変化によっても徐々にその伝統を失っていった。

図6-1　TURISOPPの原動力創出の仕組み（プロジェクト報告書より）

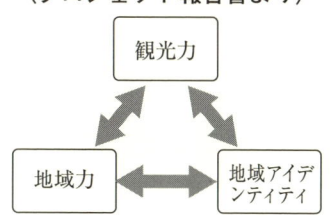

観光力 ⇔ 地域力 ⇔ 地域アイデンティティ

　現在、ラ・イサベラは、タイノ族の文化を伝える博物館、入植者の住居跡や入植後に初ミサが立てられた教会、市役所、ロザリオをかけた西欧人の墓地など、様々な遺跡から構成される「ラ・イサベラ歴史公園」として整備されている。近くには、数種類のマングローブが生息することから自然保護区に指定された"神の手"と呼ばれる美しい入り江「ルペロン湾」（正式名称グラシア湾）もある。しかし、これら歴史地区も自然保護区も内外にその価値はよく知られていない。地元住民でさえ、ラ・イサベラの歴史を知らなか

図6-2 TURISOPPの持続性創出の仕組み（プロジェクトガイドラインより）

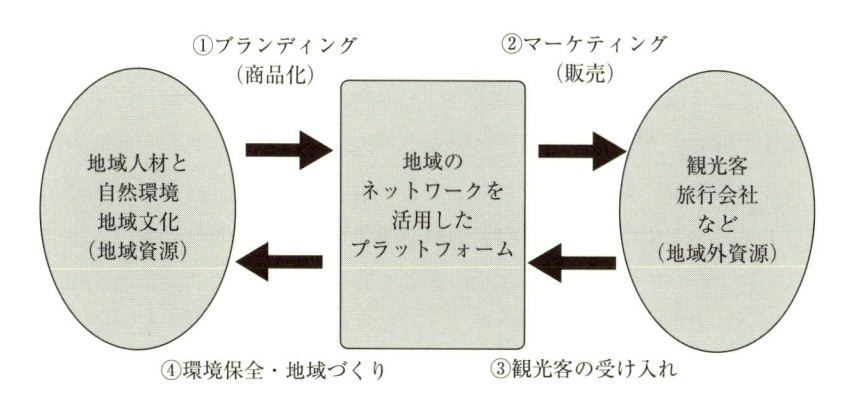

①ブランディング（商品化）　②マーケティング（販売）

地域人材と自然環境地域文化（地域資源） → 地域のネットワークを活用したプラットフォーム → 観光客 旅行会社 など（地域外資源）

④環境保全・地域づくり　③観光客の受け入れ

ったという人々が少なくなかった。自然保護区に対しては、政府の許可なく手を加えられない立ち入り禁止区域であるというネガティブなイメージを住民たちは抱いていた。高級クルーザーが停泊し、豊かな欧米人が別荘を保有するルペロン湾近辺に地域住民が訪れることは少ない。プエルトプラタに限らず、このような価値ある資源の未利用や、植民地支配とは異なる形の外部資本による地域資源の占有から、経済水準は低く失業率も高いこの地域を多くのドミニカ人たちは卑下し、欧米人に比して自分たちは劣っているとの劣等感を抱き、経済的貧困からの脱却をめざしてアメリカに渡ることを希望している。一方で、美しく豊かな自然資源に恵まれたプエルトプラタに、裕福な欧米人が余生を楽しむために、外国資本のリゾート地に移住してくるという逆の現象も起きている。

3　JICA持続可能な地域づくりプロジェクト「TURISOPP」の概要

　そこで、JICAはドミニカ共和国政府「観光省」および「職業訓練庁」との連携・官民協力による4年間のプロジェクトTURISOPPを開始した。これまで支援を受けつつもなかなか目に見えた成果が出せない観光セクターと、国内有数の観光地でありながら、観光開発による受益がほとんどない大多数の地域住民という構造において、後者をプロジェクトの主役とし、エコツーリズムによって地域への経済的裨益をねらいとしたものである。

　通常の経済開発、地域開発手法とは根本的に異なるこのプロジェクトは、工業化や外資による外発的開発に依らず、地域住民が自分たちの地域や自身に内在する資源に気づき、それらを愛し、担っていく自分たち自身こそが価値であるとみなすことに依る内発的開発手法を採る。時間の経過によって朽ちることのない内在する価値とその育成を通じて、精神的、文化的、社会的な持続可能性を礎に、経済的にも、エコロジー的にも持続可能な地域づくりを実践しようとするものである。

第6章　途上国における持続可能な地域づくりと環境教育・開発教育

　プロジェクトのアプローチとして、「地域アイデンティティ」の構築を礎に「地域力」を生み出し、エコツーリズムの考え方で「地域力」から固有の「地域ブランド」を形成する。さらにそれらを「観光力」へと開発することによって、持続可能な豊かな観光産業の復興、持続可能な地域をつくっていくというプロセスである。「住民主体・住民参加」、「共生・調和」、「地域への誇りと愛」を活動の大前提とし、「共存・共栄」、「オンリーワン」、「長所へのコミット・粗探しをしないこと」、「失敗は学び」、「若者の力への信頼」などをチームメンバーの理念とする。

　プロジェクトの特徴は、プエルトプラタ県内の各市ごとに、市役所、NGO、住民組織、地元企業など、官と民により構成されるワーキンググループ「地域力向上ユニットUMPC」[3]を形成し、このUMPCを人々の活動の「プラットフォーム」として機能させ、プロジェクト活動全体を自立発展的に促進させる仕組みにある。また、県全体としての各市のUMPCを統合した「UMPC連合」を組織し、各地域の横断的な取組みの創発や有機的連携、自立発展を促すインフラ改善や諸制度の整備、ハードおよびソフトの商品開発、パブリシティの仕組みやツール開発、イベントや情報発信基地を含めた場の創出、プロジェクト経験が継承されるための仕組み、そしてチームワークへの細やかな配慮などがプロジェクトマネージメントの中心的な業務となっている。

　TURISOPPでは、最初に、「地域アイデンティティ」を構築するためのステップとして、まず地域を知るべく自然・文化資源を発掘し、これらをもとに地域の「資源マップづくり」を実施した。次に、地域アイデンティティを明確化すべく「地域の良いとこさがしワークショップ」、「おらが村自慢大会」などを実施した。さらに、地域再生に向けた活動を方向付けるための地域アイデンティティのテーマ化として「地域ブランドづくり」を行うなど、各市のUMPCごとに様々な段階的なアクション・プランが、参加型ワークショップ形式で実行された。

　最初の地域の自然・文化資源の発掘のための参加型ワークショップでは、

第二部　持続可能で包容的な地域づくりへの実践

伝統工芸や地元の音楽、自慢の逸品の他、これまで注目されてこなかった地域資源が次々に出され、全UMPCで合計588個もの地域資源がリストアップされた。これらに、地元の誇りや地域への思い、伝承などによってストーリー性を加えつつ、プロジェクト後半には「地域の魅力が詰まった観光商品」、この地域だからこそ形にできた商品やサービス、イベントなどが次々に企画・開発されていった。

　このように、最初に「地域アイデンティティ」の構築を礎にするということが、通常プロジェクトでしばしば実施される「地域課題の洗い出し」という否定的な面へのコミットメントではなく、自分たちの「地域への誇り」という肯定的な面への意識化となった点にTURISOPPの最大の特徴がある。また、あらゆる活動が、住民主体・住民参加の理念をあらわした参加型ワークショップ形式で実践され、人々と共に考えるという作業で多角的な意見が集まり、個人作業の限界と、協働作業の可能性を感じつつ、個々人の心の中で地域や地域の他者たちとの良い関係性の回復を促すきっかけづくりになっているように見受けられた。

4　プラットフォームとしての地域力向上ユニット「UMPCルペロン」による取組みとその成果

　TURISOPPでは、プエルトプラタ県の全9市（他に特別区）に市単位で10のワーキンググループであるUMPCが組織化された[4]。UMPCはそれぞれ地域内外の資源や人的交流のプラットフォームとしての機能を果たしつつ、全市で多様な興味深い取組みが展開されたが、本稿ではラ・イサベラ歴史地区を中心とする「UMPCルペロン」による事例を紹介する。

（1）ルペロン市の地域アイデンティティと具体的な取組み

　地域の住民、大学生、高校生らから構成されるUMPCルペロンのメンバーたちは、ワークショップやミーティングを重ね、コロンブスゆかりのこの地

第6章　途上国における持続可能な地域づくりと環境教育・開発教育

の地域アイデンティティとして、「アメリカの原点」というテーマを選んだ。主な成果は、市内の学校関係者と連携したラ・イサベラ歴史公園での野外授業プログラムの形成である。ラ・イサベラの歴史的価値を地域の重要な遺産として体験できる小中学校の生徒を対象としたもので「Aula Vivaツアー」と名付けられた。

図6-3　野外授業プログラムのためにメンバーらが制作したパンフレット「Tour Aula Viva」

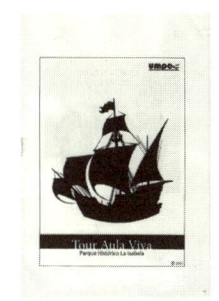

　また、メンバーらは参加型ワークショップを開催し、関連情報の収集や情報発信ツールや啓蒙ツールの作成、コミュニティを対象とした研修の実施、訪問者を対象とした土産物や関連グッズの開発、ラ・イサベラ遺跡の博物館の改善など、観光地域としての魅力の向上に取り組んだ。

　ツアーの企画にあたっては、約2年間かけて地域の歴史や植生、自然環境について自己学習し、ツアー訪問者を迎えるホスト役（ツアーガイド）の育成とガイドの際の支援教材の作成、プログラムのマニュアル化などに取り組んできた。ホストグループは現在8名で、高校生と大学生を中心とする若者のボランティアである。「友達との二人組制」と「グループ学習」で研さんに励み、これまでに約160人の小中学生をツアーに受入れた。

　さらに、関係各省連携への働きかけによって、ラ・イサベラ歴史地区では、環境省も活動に参加し、歴史公園内にコロンブス入植前の地域の固有種を取り戻すための植林活動をスタートした。これにより、現在、歴史公園のツアーは、「ルペロンの歴史（タイノ族の歴史＋コロンブス上陸後の歴史）」のガイドにつづいて、「ラス・アメリカ教会遺跡コース」か「自然保護コース」の2つのルートからいずれかを選べるように構成されている。

　また、この近くには、自然保護区に指定された数種類のマングローブ林に

119

囲まれた美しい入り江ルペロン湾がある。カリブ地域でも屈指の富裕層のクルーザー停泊地で、ルペロン地域の観光地でありながら訪問者と地域住民との間には接点がない。そこで、ここがかつて海賊の拠点であったという伝説を活かし、「カリブの海賊も愛したルペロン」というテーマで海賊関連のイベントを実施するなど、クルーザーによる訪問者と地域住民との良好な関係性の構築をめざしている。これまでに、UMPCのメンバーらが中心となって海賊に関する情報を収集・整理し、ルペロンの4か所で映画「カリブの海賊」の上映会を実施した。今後は、地域イベント「ルペロン湾海賊フェスティバル」を予定している。

　このような活動成果が可視化されるようになるまで、3年以上の時間を費やし、このプロセスでUMPCルペロンのメンバーや地域の人々の間にはさまざまな軋轢もみられた。しかし、TURISOPPのスタッフは介入することはせず、「住民主体」の原則を重んじ、UMPCメンバーら自身で対話によって問題を乗り越えていくプロセスの下支えを行ってきた。

（2）持続可能なルペロンの担い手の誕生

　開発途上国における教育支援では、しばしば教育水準が向上することによる地域の若者の人材流出が新たな問題として浮上する。「Aula Vivaツアー」のツアーガイドをボランティアで務めるAlberti君（高3・17歳）へのインタビュー（2013年8月12日実施）では、持続可能なルペロンの担い手の誕生への希望がみえる。Alberti君はUMPCへの参加によって生じた地域への思いや自身の変化について、次のように語ってくれた。

> 「ルペロン市で生まれ育ちながら、ラ・イサベラについて何も知らなかったが、ツアーの企画やガイドをするために2年間、地域の歴史や地域環境などについて仲間と勉強した。時には、調べものをするために皆でサント・ドミンゴにも出かけた。ラ・イサベラの歴史を調べるなかで、入植者によって地域の自然環境や文化、社会が変わったこと、その後、さまざまなものを融合させながら人々が生きてきたことを知り、自然に先祖への感謝の気持ちが湧いてきた。

第6章　途上国における持続可能な地域づくりと環境教育・開発教育

将来はサント・ドミンゴに行きたいと思っていたが、ルペロンがアメリカの原点として地域外に誇れるところであることに気が付き、田舎町であるルペロンにいても、何らかのプロになれることがわかった。今はこの町に残る道を考えているところだ。

　２年間ツアーの準備をし、ツアーガイドになって８か月間活動してきたが、友達とガイドの練習をして、互いに助け合いながらガイドの上達を目指している。これまで、友達と助け合う活動をしたことがなかったが、人と一緒に取り組むことでより大きなことができるとわかった。地域には知らない大勢の人々がさまざまなことにかかわっていることにも気づいて、これまで興味がなかった分野のこともっと知りたいと思うようになってきた。「Aula Vivaツアー」野外授業は五感で学べるところが良いと思う。自分が小学生のガイドをして、参加してくれた小学生が、ラ・イサベラやルペロンのことをもっと詳しく知りたいと後から言ってくることが時々あって、そんな時が一番うれしい。大学生になっても、地域の活動にかかわっていきたい。」（一部抜粋）

写真6-2　野外授業プログラムのボランティアガイド　Alberti Sosa Hernandez君（高校3年生・17歳）（2013/8/12筆者撮影）

5　「地域アイデンティティ」からはじめるアプローチの意義

　このようなTURISOPPのあゆみは、内外から高く評価され、プロジェクトは2012年３月に、プエルトプラタ県で最も顕著な業績をあげた団体に与えられる「Puertoprateño Sobresaliente賞」[5]を受賞した。

　このプロジェクトのユニークな点は、「個人」のアイデンティティではなく集合体としての「場」の「地域アイデンティティ」を共に考えることからスタートしたという点である。この「地域アイデンティティ」の再構築からスタートする考え方の前提には、地域の貧困問題とは、地域の担い手である人々の尊厳が損なわれた状態であるというプロジェクトの認識がある。そし

第二部　持続可能で包容的な地域づくりへの実践

て、地域づくりのプロジェクトに取り組むことは、人々の内面的豊かさの回復に取り組むことであり、国際開発協力・開発支援は、地域の人々の参加・協働による住民主体の、すべての人々の持続可能な豊かさの向上を前提にしたものでなければならない、というのがTURISOPPの考え方である。

　TURISOPPでは、次のような「コンセプト・シート」において、地域アイデンティティの再構築を人々の尊厳の回復の一つの在り方として捉えていることを示している。

　　「彼らひとりひとりに内在する価値、自信（尊厳といってもいい）を取り戻し、地域の仲間がつながりあい愛し合うことを通じて生まれる、外在するものへの「思いやり」によって歴史や自然を慈しみ、そこから地域の美しさや人々をひきつける地域の元気を取り戻す、そのような好循環をつくる手伝いがしたい。（中略）さらに、「我々の取り組みの第1歩は、目の前にあるにも関わらず、あるいは目の前にあるがゆえに、この地に住む人々に認識されていないその魅力を彼らとともに再発見することだ。（中略）言い換えると彼らのアイデンティティを取り戻すことが、われわれのプロジェクトの基礎であり取り組みの第1歩である。地域及び自己のアイデンティティの再認識によって人と地域は変わる。自分の中に誇れる「オンリーワン」があることを知るからだ。それが地域の活力のもとになる…（後略）」[6]。

　プロジェクトの取り組みの中で、地域アイデンティティを考えることが、地域問題というネガティブな側面ではなく、地域への肯定的な思いを意識化させることにつながり、人々と地域との良好な関係性再構築のきっかけになったであろうことは既に述べた。ここで、関係性の再構築の主体である自分自身との関係性という点で、地域づくりプロジェクトにおける地域アイデンティティを考えるアプローチが何をもたらしたのかを考えてみたい。

（1）生かされていることへの自己認識と環境への配慮の深まり

　プロジェクトでは、地域アイデンティティを確認するにあたって、まず「地域を知る」という作業を参加型ワークショップ形式で行っている。このグループ作業では、多様な参加者から自分が知らなかった地域のさまざまな点が

第6章　途上国における持続可能な地域づくりと環境教育・開発教育

挙げられることで、驚きと共に自分はまだ何も知らないのだという思いをだれもが抱いている。そして地域がさまざまに変化してきたこと、あるいは変わらないものが受け継がれてきたことを含め、地域のルーツと過去からの時間の流れとしての歴史、世代間の継承への気づきは、先人への感謝の気持ちを醸成するだけでなく、こうして、"地域で生・き・る・自・分・"が、"地域に育・ま・れ・た・自・分・"、"地域で生・か・さ・れ・て・い・る・自・分・"へと自己認識を変化させる契機ともなっている。また、地勢的な諸要因、自然や風土が、社会的・経済的・文化的側面に相互にかかわりあっていることが認識され、自分自身が暮らす環境としての「場」の、日ごろは意識されにくい多様な側面が可視化されてくることが、参加者たちの振り返りからうかがえる。そして、前節で紹介したラ・イサベラのツアーガイドAlberti君の言葉の端々からも感じられるように、自分たちの今が将来世代へとつながっていることへの自覚を促し、地域の環境の保全、改善などの環境配慮行動を内発的に生む契機となっている。

　このようなグループ作業を通じて新たな自己認識を得たうえで、次の「地域アイデンティティの意識化」プロセスでは、このような地域の何にコミットしたいのか、という自分自身の価値観と向き合うことになる。そして、再び仲間たちと地域を眺める。共に考え、一人で考え、再び共に考えるという段階的な作業プロセスがどのUMPCにも形成される。

　このプロセスで、地域は自分自身を取り巻く外界の生活環境であり、自分自身と「距離のある対象」だという意識を超えて、自分の存在が自分自身を取り巻く世界とのかかわり合いの中にこそ在ることを発見する。このことから、地域と自己との関係性の再構築とは、本来、点と点をつなぐようなものではなく、地域環境を捉える枠組みと自己を捉える枠組みとの重層性への気づきの獲得であるといえるのではないかと考えられる。また、このように自己を捉える枠組みは、過去、現在、未来という時間をとらえる枠組みとの重層性も同時に示し、環境教育実践と環境保全行動において"他人事"をいかに"自分事"へと意識化するかが課題になったり、環境倫理においてしばしば世代間倫理が問われたりする中で、持続可能な地域の担い手を育む人間的

な教育・学びにおける地域アイデンティティから始めるアプローチの有効性がうかがえる。

(2) 横につながる力の育成としての活動参加「友だちが僕の先生、プロジェクトが僕の教室」

　地域づくりプロジェクトでは、しばしば産業復興による雇用創出をはじめとする経済開発や社会開発にかかわる基盤整備や政策的支援、実施の仕組みなどの側面がクローズアップされる。しかし、見方を変えればプロジェクトの実践は、それぞれの取組みの中で関わった人々に、プロジェクト参加体験という学びを残し、地域の担い手を育成していくという意味で、これらを地域住民主体によって実践する場合にはなお一層、それは教育プロジェクトであるといっても過言ではないほどの学びのチャンスを地域住民にもたらすことができる。

　一般的に、学校教育・学校外教育や生涯学習が本物の教育で、プロジェクトのマネージメントや企業経営などの領域における教育は、それが営利活動にかかわる側面があるからか、真の教育ではないという捉え方は多い。しかし、環境教育論においても学習論においても、その方法として体験や参加が重視されるようになってきた背景には、環境知識の獲得と環境配慮行動の実践の間の乖離への問題意識と、それに対して「暗黙知」の獲得を重視する傾向の高まりがある。暗黙知とは、伝統的な知恵や文化風習など、言葉や象徴によってさえも表しえない知識で、明示することは不可能だが、確かに知っているという知識をいう[7]。また、学校の教室の中で指導者としての教師が、生徒たちに一方的に知識を教えるという「銀行型教育」[8]と呼ばれるスタイルには長所もある一方、1980年代後半、多様性に富む地域の環境問題に対応することには限界があることが指摘されるようになってきた。そして、暗黙知の概念とともに体験学習・参加型学習の方法が環境教育実践の中でも重視されるようになってきた。なぜなら、人々が暮らす環境である地域には、それぞれの地域固有の暗黙知の蓄積があり、可視化されにくい暗黙知を人々

第6章　途上国における持続可能な地域づくりと環境教育・開発教育

が学ぶのはその体験と参加とによるからである。教育・学びの視点から見たとき、地域とは、さまざまなかかわりのなかで絶え間なく暗黙知が育まれ、かつ、学ばれていく領野でもあるからだ。

　学校を卒業したからといって、社会に出たとき、その時々に変化する状況の中で、それまで学んだ知識を活用することは必ずしも容易ではない。学校教育、学校外教育のさまざまな場面で体験型学習、参加型学習などの機会が取り入れられるようになった今日でも、それは職業体験や実習などの体験・参加である。しかし、現実の社会は、価値観や考え方、利害関係や立場が異なる多様な人々との相互作用のなかに自分自身を差し出していかなければならない。生きる場で暗黙知が日々生成されることをふまえれば、その暗黙知の領野に参加し続けることは、人々との良好な関係性を構築する力の育成そのものでもある。かかわりの存在としての私たち人間が現実に直面する事象を、練習ではなく自分の暮らしのリアリティある場で体験するという意味において、それが経済開発であろうと、社会開発であろうと、何らかの活動参加のプロセスは、それ自体が大きな学びをもたらすものではないだろうか。現地滞在の際、地域の案内をしてくれたUMPCメンバーでボランティアのFernandesさんが別れ際に言った。

「僕の家は貧しく、大学に進学することができなかった。生まれてから一度も村を出たこともなかった。高校を卒業してから、村に開発されたゴルフ場で18年間働いている。この間、アメリカなどからゴルフをしにやってくる人たちの会話を聴いて英語を覚えた。このプロジェクトが始まって、僕が村の野山に詳しいことと、英語ができるということから、UMPCのリーダーが声をかけてくれて、仕事が休みのとき活動に参加するようになった。このプロジェクトには大学生も社会人も様々な人々が参加している。僕は大学に行けなかったけれど、大学生の仲間からいろいろなことを教えてもらう。プロジェクトの仲間が僕の先生。プロジェクトは僕の教室、僕の学校。ほんの少しの英語と村を知っているというだけで、こんな僕でもUMPCに入れてもらい、視野が広がったし、今まで想像したこともなかったことに取り組んだり、仲間と力を合わせたりして、一人では決してできないことができると知って驚きや幸せや感謝でいっぱいだ。心から仲間に感謝している。村はどんどん良くなっている。」

第二部　持続可能で包容的な地域づくりへの実践

　プロジェクトでは多くの人々が、参加してよかったこととして、個々の学びのほか他者との出会いをあげた。活動単位としての各市のUMPCが出会いのプラットフォームとしての機能を果たしていることはもちろん、連携・協働する参加型ワークショップのスタイルや、活動目標を共有して失敗や挫折、問題も含め、労苦のプロセスも仲間と共に担うことを促すようなルールなど、UMPC活動とその諸原則は、学校社会とは異なり、人々が横につながり学び合う場としての力をUMPCに付与していることにも気づく。例えば、ラ・イサベラの「野外授業プログラム」のツアーガイドの育成の仕組みの中では、"友達との二人組での参加"を制度化し、お互いの欠点を補完し合ったり互いに高め合ったりできるように工夫しているほか、個人の努力の結果ではなく、チームワークとプロセスを褒める評価の視点を持つことなども、横のつながりの強化に効果を発揮している。

　日本では、偏差値教育が子どもの社会力の欠如を招いたと指摘する門脇は、偏差値が、子どもたちに不当な劣等感と不当な優越感をもたらしたと考えている。数値は、友達と自分との関係性を、常に自分はあの子より上とか下という優劣の捉え方によってしか構築できず、結果として仲間意識は切れ切れになっていると言う。これらは、社会的な強者と弱者の格差を作り出し、先進国と開発途上国の構造と同様に、大量生産、大量消費、大量廃棄による持続不可能な社会構造の問題も助長しているのだとする[9]。こうした日本の状況に、友達同士が敬意や感謝を互いに示しあえるような学び合いの場づくりも期待される。

6　人間問題の解決を礎にした環境・貧困・社会的排除問題の同時的解決に向けて

　環境問題へのアプローチは、個々の現象の相互連関性に配慮しながら総合的に環境問題の解決・軽減をめざそうとする点で、事象間のつながりに横た

第6章　途上国における持続可能な地域づくりと環境教育・開発教育

わる構造的な諸問題や、既存のカテゴリーの中で取りこぼされてきた課題をテーマ化することができる。しかし、本来、環境に働きかける主体としての自分自身をどのように考えるのかという意味で、自分自身と自己との関係性を問うことなく、外在する環境における関係性の再構築を考えることは難しく、人間をそのアイデンティティの側面から問い直すことへと導かれるのは自然なことである。

　また、経済開発プロジェクトの中で人や地域のアイデンティティを問うことは多くはないと思われる。しかし、経済的な持続可能性の問題は、衣食住など目に見えるベーシック・ヒューマン・ニーズの充足など人間の安全保障に直接的な影響を及ぼすことを通じて、環境の持続可能性に配慮する余裕を人々から奪うだけでなく、人々の自由な時間の量や質を左右し、人生の選択の幅を著しく狭めることを通じて、目に見えない精神的で内的な環境に大きな影響を与える。経済の持続可能性を含む社会問題も、人間の尊厳やアイデンティティの危機などの人間問題も、自然の持続可能性などの環境問題も、深いところでそれぞれが密接にかかわりあう負の連鎖の構造的問題でもあるのだ。

　プロジェクトでは、アフリカで発祥した人類が全世界へと旅立ち、5万年の時を経て世界を一周し、先住民、アフリカ人、ヨーロッパ人がカリブ海で再びめぐりあったのだという、人類最古の痕跡にもとづく「人類アフリカ単一起源説」の中に、人類のルーツはひとつであるという調和・融合・共栄への希望を見出している[10]。この説の是非はともかく、支配下に置かれた複雑な歴史を持つカリブ諸国の人々にとって、すべての人類が本来ひとつであるという意味づけが必要だ。

　プロジェクトによって、ラ・イサベラ歴史地区では現在、環境省も活動に参加して固有種の植林活動をスタートした。自然資源のエコロジカルな均衡の持続可能性に着目すると、一人の人間の行為が、そして一つの地域の持続可能性が、域外の全世界全人類の持続可能性にも同じ利害を及ぼすことを、少なくとも理屈の上ではその根拠を提示し、"支配－従属関係"を越えて、人々

を一つに束ねる意味づけをしていくことが可能だ。

　この意味で、自然環境の保全が、人間の生存基盤を保証するというだけでなく、貧困問題、社会的排除問題をはじめとする人間問題、すなわちすべての人々が持続可能に豊かに生きていくことの問題を包摂しながら将来への希望を紡ぎだす人類共通のテーマとして、環境の持続可能性創出への取組みの可能性にはとても大きな意義があるだろう。

7　おわりに

　以上のように、本章ではこれまでの大規模な国際開発協力の分野ではなかなか見られなかった地域住民主体の地域アイデンティティを礎とした内発的発展のプロジェクト事例に、「環境問題と貧困・社会的排除問題の同時的解決」という視点からの考察を試みた。そこから得られたことは、このような住民参加型開発プロジェクトへの参加は、学びそのものであるということである。ゆえに、こうした参加を通じた人々と地域全体の学びのプロセスを組織化しつつ、あらためて「学び」という視点からこのようなプロジェクトのプロセスを支援していこうとする取り組みに、環境教育と開発教育を実践的に統一していくひとつの方向性をうかがえるであろう。それは、単に「持続可能な」というだけではなく、「持続可能で包容的な」生きる場づくりとその担い手育成に通じるものとしての「内発的開発教育」であり、環境問題、貧困問題、社会的排除問題、そしてあらゆる社会問題をもふまえて、より根源的な人間の豊かさそのものを育んでいくことへの教育・学習活動でもあるのではないだろうか。

【付記】
　本章は、上智人間学会紀要（2014年1月発行）に既に発表した論文の一部を加筆修正したものである。
　筆者は、2011年からJICA短期専門家（環境マーケティング・エキスパート）

第 6 章　途上国における持続可能な地域づくりと環境教育・開発教育

として、本プロジェクトに参加し、2012年、2013年には各 3 週間前後の現地作業を実施した。本研究はTURISOPP現場でのRRA（Rapid Rural Appraisal）にもとづく現地での参与観察、関係者らへのインタビューやプロジェクトの記録に基づく。RRAにより使用した二次情報は、「コンセプト・シート」、「持続可能な観光地域開発モデルのためのアクション・プラン」2011年 3 月、「持続可能な観光地域開発モデルのパイロットプロジェクト・プラン」2011年 7 月、「事業進捗報告書」（第 1 号～第 7 号）、「年次事業完了報告書」、「議事録」、関連参考文献・論文等である。

　調査研究にあたっては、JICA職員の方々、及び、JICA長期専門家としてTURISOPPプロジェクトコンセプト発案、企画・立案、PCMアクション・プラン策定・実施およびこれらのPDCAを 4 年間現地で運営推進してきた統括・和田泰志氏、副統括・青木孝氏、環境マーケティング担当・中川圓氏、コミュニティ開発担当・渡辺知子氏、業務調整担当・白神博昭氏、JICA短期専門家（環境マネジメント・エキスパート）敷田麻実氏（北海道大学観光学高等研究センター教授）、および現地スタッフのMaria Luisa Vazquez氏、Leidy Perez氏、Johanna Rodriguez氏、Paola Cano氏、Maria Nuñez氏ほか、大勢の現地スタッフのみなさんから多大なご協力を得た。心から感謝申し上げたい。

注
（ 1 ）正式名称 TURISOPP Proyecto de Turismo Sostenible basado en la Participación Publico-Privada「ドミニカ共和国・観光省（MITUR）・職業訓練庁（INFOTEP）官民協力による豊かな観光地域づくりプロジェクト」（2009年11月から2013年10月）。略称「持続可能な地域づくりプロジェクト」。
（ 2 ）"オール・インクルーシブ"とは一定の宿泊料金のなかに、レストランなど施設内の多様なサービス利用料のすべてが含まれるもので、訪れた観光客はリゾート施設内のプライベート・ビーチや併設の諸施設を利用するため、滞在中に施設の外に出かけることはほとんどなく、地域や住民との接点が少ない。
（ 3 ）UMPCはUnidad Municipal para Patrimonio Comunitarioの略。プロジェクトでは、「コミュニティ資源を活用し守るムニシピオのユニット」を「地域向上カユニット」と意訳。

第二部　持続可能で包容的な地域づくりへの実践

（4）スペイン語でムニシピオMunicipioを「市」と訳しているが、日本の行政区における「市」とはイメージが異なり、日本であれば「町」「村」などに区分されるようなエリアも含まれる。
（5）スペイン語でPuerotoplateño「プエルトプラタの」、Sobresaliente「とび抜けて良い・突出している」、の意味。
（6）和田（2009）。
（7）ポランニーの「暗黙知」の概念を敷衍。
（8）パウロ・フレイレが『被抑圧者の教育学』の中で、批判的に使った言葉で、教師が一方的に知識移転するような形態の教育をさす。
（9）門脇（1991）。
（10）和田（2009）。

参考文献
江原裕美『内発的発展と教育―人間主体の社会変革とNGOの地平―』（新評社、2003年）。
門脇厚司『こどもの社会力』（岩波書店、1991年）。
（独）国際協力機構『JICA2012　国際協力機構年次報告書』（JICA、2013年）。
白神博昭「自然の恵みと脅威の中で育んできた島国の姿」（国本伊代編著『ドミニカ共和国を知るための60章』明石書店、2013年）。
瀬本正之「キリスト教ヒューマニズムにもとづく環境教育―人間の尊厳に適う環境教育を求めて―」（『上智大学現代GP（グローバル社会における環境リテラシー教育）持続可能な社会への挑戦』上智大学現代GP（環境リテラシー）事務局、2010年）。
中村友太郎・瀬本正之「自然とのかかわり」（J.カスタニエダ・井上英治編『現代人間学』1999年初版、2010年第10刷）。
服部幸應『コロンブスの贈り物』（PHP研究所、1999年）。
パウロ・フレイレ著、小沢有作他訳『被抑圧者の教育学』（亜紀書房、1979年）。
マイケル・ポランニー著、高橋勇夫訳『暗黙知の次元』（筑摩書房、2003年）。
アーヴィング・ラウス著、杉野目康子訳『タイノ人：コロンブスが出会ったカリブの民』（法政大学出版局、2004年）。
和田泰志「プエルトプラタ：『アメリカの原点』を世界に伝えよう！奪い合いから分かち合いへ―調和・融合・共栄―」（JICAコンセプト・シート、2009年）。

第 7 章　学社協働の担い手づくり
── ドイツの事例に基づいて

高雄　綾子

1　はじめに

　本章では、ドイツの持続可能な地域開発における学社協働のESD実践の可能性と意義を、ESDを普及させる人材「マルチプリケーター」に着目して分析する。持続可能性の政策議論における市民参加や社会的協働と、教育格差是正に向けた学校改革論での教育のローカルな質の規定は、ともに地域教育実践における多様なアクターのコーディネートを求めている。この担い手づくりを、ESDマルチプリケーター研修プログラム、および彼らの地域社会におけるネットワーク生成事例から検証する。

2　持続可能な地域開発と教育

　1992年の国連環境会議での「アジェンダ21」を受け、ドイツ環境問題専門家委員会は1994年、持続可能な開発のための長期にわたる人間開発の重要性を再確認した (RSU, 1994)。連邦議会アンケート委員会「人間と自然の保護」は1995年、環境と経済と社会を統合的に発展させる具体的目標とその枠組みとなる計画を策定した。これらを受けて連邦議会は2002年、国家持続可能性戦略「ドイツの展望」を発表し（Bundesregierung, 2002)、先進工業国ドイツの持続可能な開発を、世代間の公平性、生活の質の向上、社会的協働の推進、国際的な責任という 4 領域における横断的政策課題と位置づけた。
　各項目の具体策は非常に多岐にわたるが、共通するのは、あらゆる政策領域で持続可能性を基盤とした構造改革を進めることである。まず世代間の公

第二部　持続可能で包容的な地域づくりへの実践

平性として、2006年までに財政赤字をゼロとし次世代の財政基盤の安定化を図るため、税制改革と家族福祉の両立が課題とされた。環境税導入によりエネルギー効率を向上させるとともに、その税収を高齢者福祉に充当するポリシーミックスが代表的である。この国家税制改革による財政安定化の上で、他国への責任を遂行するシナリオを描いている。

　他方で生活の質および社会的協働という目標では、ローカルな市民参加と合意形成が重視されている。生活の質では雇用創出と自然環境維持の両立を目指し、再生可能エネルギー推進が課題とされている。例えば法整備により発電量が増加した風力分野では、関連企業の雇用創出と温室効果ガス削減[1]の両立が実現した。ここで10億ユーロの連邦資金を基に50億ユーロ以上の民間投資がなされたことを受け、創造的手段を実現するためには企業や市民の参加が不可欠であると示された。また企業や市民の生産や生活、消費において日常的に持続可能性を実践する「ローカルアジェンダ21」[2]は、地域社会での社会的協働がグローバルな課題解決に直接貢献しうることを示した。

　しかし16州の自治が確立した分権体制をとるドイツでは、参加や社会的協働の前提となる公平性の確保は容易ではない。経済面では国家全体で好調であっても、衰退地域や貧困地域を抱える州が裕福な州に財政的に支援される構図が常態化しており、旧東ドイツ地域はもとより、旧西ドイツ地域のルール工業地帯を有するノルトライン・ヴェストファーレン州などが支援の対象となっている。経済の地域間格差は雇用創出や失業率に影響し、貧しい北東部から豊かな南西部に職を求めて移転する市民が絶えない。

　この移転や流動性が高まるなかでの教育や能力開発は、より有利な場に求める自由の獲得へとつながり、他地域へ移動できる個人ととどまらざるを得ない個人の格差を進行させる。ドイツ全体では基礎教育が普及しているため、この格差は見えづらいが、ローカルなレベルでは、経済格差と相関した成績格差が明らかとなっている。例えば大学入学資格となる中等教育修了資格アビトゥアの難易度や、OECD（経済協力開発機構）のPISAの州別成績は、多くの産業を抱え経済状態の好調な南部のバイエルン州がおしなべて高い。

OECDは、ドイツの成績の地域間格差、個人間格差が先進国中で大きく、それが経済状態と結びついていることを指摘している（PISA Konsortium, 2008）。

　衰退地域が経済的に自立し雇用を創出する力をつけるために、ドイツでは、EU構造基金の枠組みで地域再生のためのモデルプロジェクトが行われ、コミュニティ・エンパワメントによる雇用トレーニングや若者の社会参加を通じた地域経済発展が目指されている。持続可能な開発のための教育（ESD）も、この格差の是正を目指し、積極的な参加によって、自分の生きるコミュニティの将来を形作ることのできる能力を育成しようとしている（Haan and Harenberg, 1999）。ESDでは、一般教育、職業教育ともに、労働市場や技術革新の変化に対応できない硬直化した教育制度が問題視され（G. d. Haan, 2006）、地域固有の文脈における経済や社会の格差に深く結びついた課題を、地域のアクターと学校の参加による学社協働によって学習する動きが見られている。その学社協働プロセスで、生活の質の向上と、社会的協働のための個人の能力発展を目指している点が、ドイツのESDを特徴づけている。

3　学社協働の地域ESD実践の担い手の条件

（1）地域社会の教育実践の参加アクターの多様性

　ESDが学社協働によって推進されるためには、経済主体を含め、地域の多様なアクターの積極的な参加が必要となる。ドイツでは通常の政策決定過程には行政、専門家が関与し、一般的市民の参加は限られている（O. Renn, 2001）。これは、労働組合や福祉団体が政策決定に影響を与える度合いが高いこと、また社会民主党の台頭に伴い、産業界が衝突回避機関として機能するネオ・コーポラティズムが構築されていることから、かえって市民団体などの意見をくみ上げるシステムを強化する動機付けが弱かったためと言われている（Jänicke, 1996）。ナチズム台頭の反省から集権的な民意の動員を嫌

第二部　持続可能で包容的な地域づくりへの実践

う力も強く、連邦レベルでの国民投票も法で禁じられている。

　システムとしての市民参加が弱いが故に、政府と市民団体の間には一定の距離が存在し、周辺にとどまるものというアイデンティティが、特に草の根の環境市民団体に形成されてきた（青木、2013）。環境市民団体をクライアントとする緑の党の1983年の政権入り後も、ドイツ最大の環境市民団体BUND（Bund für Umwelt und Naturschutz Deutschland e.V.：ドイツ自然保護連盟）[3]は不偏不党を掲げ、政府を一定の距離から監視する位置づけのもとで、具体的な環境制度を提案し実現している[4]。つまり、参加システムよりも政策決定への運動論的な関与の方が重視されている。地域環境教育もこの流れで参加を位置づけていた。1980年代前半には、脱文脈的な環境教育への批判から、市民運動への関与を通じて地域課題にかかわることを強く主張する「エコ教育学」（Ökopädagogik）が登場し、「抵抗の中の学習」という市民団体の学習セオリーを取り入れた地域環境教育の確立に尽力した（Beer und de Haan, 1984）。

　ところが1980年代後半から、多くの市民団体が環境NPOへ転身すると、参加の解釈の相違が徐々に明らかとなる。環境NPOは地域性とネットワーク性、専門性を発揮して、地域環境教育の主要な担い手となり（Giesel, Haan and Rode 2002）、90年代からはローカルアジェンダ21に関する市民の学習を展開することで、地域計画への市民の参加能力を高めることに貢献した。しかし運動論的な地域環境教育の中ではこの参加能力を、本来政策が促進すべき課題である、公的財源緊縮化のなかで地域を長期的に存続しうる経済面での能力[5]と受け取る向きもあった（Fahnert, 2005）。特に市民運動で具体的な課題やターゲットグループをすでに有していたアクターは、ESDが内包する持続可能性政策議論への政治的・経済的な参加志向に対し、意志決定への実質的関与でないとして距離を置くようになる。ここには途上国とかかわりながら政策関与を志向する開発教育アクターも含まれていた。2002年から各地のローカルアジェンダ21事務所が次々とESDの看板に掛け替えるなかで、地域における具体的な課題を持たないESDへの多様なアクターは分

裂するようになり（Michelsen, 2005）、開発教育の側からは、あえて統合を避けようとするコンセプトすら表明された。他方で環境NPOは、企業や職業教育と協働した「持続可能な生徒企業」活動などを熱心に展開し、経済主体と連携を強めながらESDにかかわっていく[6]。

ESDは地域のアクターそれぞれが持つ市民の参加能力の向上という目標を仲介しつつ、その解釈の多様性を可視化しないまま政策的に推進された結果、環境教育と開発教育を統合するものにはならず、多様性を排除する形となった（Apel, 2005b）。この反省から、地域ESD実践のコーディネートにおいては、参加を財源緊縮下の地域運営手段とするのではなく、エコ教育学の経験を踏まえたオルタナティブな学習環境の創出と関連づけた、多様なアクターの対話とネットワークの場としていく必要性が認識された。

（2）「学校の質」論における学校と地域社会の関係の再考

翻って、格差問題が露呈した学校教育制度の側からは、地域社会を教育の質を開発するための資源やツールとして重視する動きが見られるようになる。国内の格差は、教育制度において長くナショナルスタンダードを持たなかったドイツに、「学校の質」を保障する教育基準を構築する必要性を突きつけた。「学校の質」は教育を直接管轄する州政府の学習指導要領によるインプット管理の重視から、学校現場におけるコンピテンシーの獲得というアウトプット管理にシフトすることで、州の関与を減少させ、州間格差を解消させる意図を持つ[7]。これは学校の自己評価に基づき、授業外の支援システムを設置し、提供内容と利用可能性を適切にシンクロさせ、学校の質の保障につなげようとするものである（Fend 2000）。学校は提供する教育内容を自己評価・管理の上で作りあげていくことで、成績への新しい説明責任を果たす。

この実装についてドイツ連邦教育研究省（BMBF）は、「ローカルな優先順位やケイパビリティに整合しなければ実装コンセプトは実践的意義を持たない」という、気候変動政策でのレベル区分（Victor, 2006）を参照し、国家や州と異なるローカルな社会における学校の意図を、マクロな教育プロセ

ス管理に反映させる重要性を指摘した（BMBF, 2008）。しかし、教育政策にローカルな優先順位に整合したシステムを構築し、その質を評価するには、あらかじめ規定された学校の自律性の範囲と、ローカルな学校開発のための資源とツールに結びついた基準値を明確にすることが必要となる。この基準値の設定は、学校が地域特性を配慮し、自己評価・管理に基づいて、生徒や地域社会と共同でつくりあげる学習開発プロセスを再文脈化・再構築する作業を伴う。教員自身にとっては、授業で目指す教育の質が、ローカルな文脈に定着させる方向に実装されることが重要である。同時に生徒の利用可能性とシンクロするために、ローカルな社会で学習者が学んだことを生産的に使える状態を作り出すことも必要となる。

（3）ESDコンピテンシーを育む構造としての学社協働

　格差是正に向けた学校の質論は、地域ESDと親和性を持つものとして、積極的に取り込まれた。ESDのコンピテンシーは、「持続可能な開発についての知識を応用し、持続不可能な開発の問題に気づくことのできる力を前提に、現状分析と未来研究から、相互依存における経済、環境、社会の発展の帰結を導き出し、それに基づいて、持続可能な開発プロセスを実現させる意思決定を行い、理解し、個人や協働で、政治的に実践することができる力」（トランスファー 21、2011）とされる。このコンピテンシー獲得においては、地域固有の文脈に基づく学習領域を学校内外に設置するだけでなく、それが学校を基盤に、学際的で参加的な学習をくり返し実現できるような場になることが必要になる。さらにそれがより大きな文脈で実装される組織的転移（Coburn, 2003）に結びつくときに、「個人や協働で、政治的に実践することができる」力となり、地域開発プロセスに位置づけられる。

　学校ESDモデル構築プログラム「BLK "21"」（2004〜2008）は、「学際的知識」、「参加型学習」、「革新的構造」という3つの原則により、ESD活動のモデルを学校種や地理的条件に即した教育課程改革に結びつけるというメゾレベルの実装のための、マクロレベルの枠組みを示した。特に革新的構造は、

学校の質開発が参加的手法によって構造的に展開されることで、地域社会を含むシステム全体として教育に作用することを目指している。具体的には、持続可能性監査基準の活用、環境と経済をつなぐ「持続可能な生徒企業」（高雄、2010）の実施、学校の特色づくり、外部人材の活用を通じた教育プロセス構築等が行われている。

　しかしここで、地域ESDにおける多様性の排除を反省的に捉えなければならない。学校の革新的構造というメゾ的変革の実装が、コンピテンシーというミクロの能力の解釈の多様性を可視化しないまま進むことで、授業や教員間の分断を生み出すような二律背反の結果が危惧される。それを避けるためには、政策的圧力による財政緊縮下での運営手段としてではなく、生徒や教員、外部人材などの各アクター自身が、自発的に設定する基準に基づいて、学校開発と個人の能力開発を自己評価することを実現していかなければならない。この基準設置や自己評価は、地域社会の現実における持続可能な開発の矛盾やコンフリクトを、アクター同士の対話と参加によって、内側からあぶり出していく行為を必要とする。そこでコンフリクトを可視化し、対話を実現するための場として、学校というメゾの組織を位置づける必要がある。学社協働によるESD独自の重要性は、変革の実装という政策次元だけでなく、学習者と地域社会の現実を切り結ぶ学校を、地域開発プロセスの実践面から、参加と対話の場として位置づけていく点にある。この学社協働の担い手は、自らの依拠する教育内容や理論ではなく、学習者のコンピテンシーをはぐくむという視点で、アクターを統合していかなければならない。

4　地域ESD人材の養成と社会ネットワーク生成

（1）ESDマルチプリケーター養成プログラム

　学外人材である地域ESD実践者の側からは、ESDを明確に規定する理論的支援の弱さが指摘されてきた（Apel, 2005）。それは地域ESDが実践者の独自の認識によって進められてきた現状の裏返しである[8]。この多様な独自

第二部　持続可能で包容的な地域づくりへの実践

　認識をコンピテンシー獲得という方向性に集約していくために、理論や定義よりも、実践者同士のネットワーク構築、プロジェクト支援、研修など、実践の共有と振り返りの場が重要となった[9]。そこで2005年から3期にわたり、学校ESD「トランスファー21」プログラムによる、ESD人材「マルチプリケーター」（Multiplikator）養成プログラムが実施された。

　マルチプリケーターは、コンピテンシー育成のための知識・手法と並び、学校と社会の効果的な協働のあり方、プロジェクトの開発やマネジメントのスキルを持つ人材で、ESDを学校文化に統合させ、地域社会において「学校の質」の向上に貢献することを目指す（Programm Transfer-21 2007）。資格付与者はトランスファー21プログラムのデータベースに登録され、各地の学校や教育施設の要請で活動するほか、教員研修のESD講座の講師なども行う[10]。

　教員を対象とした第1期（2005～2007）では、当時の「全日学校」[11]という教育改革の流れに対し、学校がESDモデルの内容を実際に教育計画に反映させるための学習内容や手法が扱われた。学外人材を対象とした第2期（2008～2009）では、「学校との協働」をテーマに、学校外から学校の質開発にかかわるための、異なる利害関係者間の対話、プロジェクトマネジメント、学校の文脈に応じたESD内容の特定や構築などが加わった。第3期（2011～2012）では、「持続可能な生徒企業」による地域社会とのネットワークづくり、プロジェクト遂行能力、教師と生徒の関係変化を促すためのアプローチが加わった。

　養成プログラムはオンラインとスクーリングの組み合わせで構成され、スクーリングでは専門家の指導による実践的内容が提供される。例えば学社協働をテーマとした第2期（**表7-1**）では、各回でグループワークの時間が長く取られ、参加者同士の交流による経験や自己理解の共有が図られた。最終的には3期を通じて延べ200名が参加し、168名に資格付与された。参加者は概ね、「ESDの基礎的知識と能力が獲得できた」としており、とりわけ「内容が学校の現実を反映していた」と評価している。

第 7 章　学社協働の担い手づくり

表 7-1　第 2 期「学校との協働」マルチプリケーター研修の各回テーマ (2008-2009)

1.	持続可能性を学ぶ：オリエンテーション、持続可能性議論と ESD
2.	責任感による学び：全日学校への（学外人材としての）参加
3.	効果的に組織化し協働する：全日学校の組織と学習文化
4.	未来をつくる：コンピテンシーと ESD 手法（サマーユニバーシティ）
5.	学びを自ら組織する：ホリスティックな授業コンセプトとしての自己組織学習
6.	効果的にアドバイスする：持続可能な生徒企業を例にしたコンサルテーション
7.	コミュニケーション、プレゼンテーション、広報：全日学校での（学外人材）開拓
8.	的確な司会：対話と会議を効果的に導く
9.	プロジェクト開発：持続可能な開発テーマでの学社協働をマネジメントする
10.	振り返りと展望：学習プロセス、転移、ネットワーキング

（Programm Transfer-21 2008）

（2）マルチプリケーター投入による地域社会ネットワークの生成

　BMBFは、ESDの質の開発に向けた実証研究「QuaSi BNE」(2010～2013) において、このマルチプリケーターの地域社会における役割を分析している。彼らが地域に入ることにより、現場の当事者達が自分自身で基準や指標を開発できるようになり、そのプロセスの結果として、地域の社会ネットワーク[12]が生成されている (Kolleck, Haan and Fischbach, 2012)。**図 7-1 および 7-2** にその調査結果である、対象 5 都市（アルハイム、エアフルト、フランクフルト・アム・マイン、ゲルゼンキルヒェン、ミンデン）の位置と人口、およびマルチプリケーターによる社会ネットワーク構造を示す。これは持続可能な地域開発の課題を決定し共有するプロセスにマルチプリケーターが関与した度合いを反映させたものであり、彼らの都市間や地域内での人的コンタクトが意志決定のネットワークを生成していることがわかる。

　アルハイムやミンデンなど小都市ではコアグループのネットワークが強い。中都市エアフルトは個人のコンタクトが多いが、右側に広がる鎖状の流れはまだネットワーク化していない部分を示している。フランクフルト・アム・マインはドイツ第 5 の大都市であり、多くのアクター間の密なネットワークに加え、離れたネットワークが飛び地的に存在している。

第二部　持続可能で包容的な地域づくりへの実践

図7-1　対象5都市の位置と人口
（Kolleck, Haan und Fischbach 2012）より作成

ミンデン
（約8万人）

ゲルゼンキルヒェン
（約25万人）

アルハイム
（約5,000人）

エアフルト
（約20万人）

フランクフルト・
アム・マイン
（約68万人）

　ここで、ゲルゼンキルヒェンに、高密度メッシュを中心に多方面に枝が分岐した多層グリッドの情報の流れが見られている点が注目される。ゲルゼンキルヒェンはかつて鉄鋼・石炭産業で栄え、現在は産業構造の転換によって成長が止まったルール地方に位置し、高い失業率、中心部の衰退、居住環境の悪化にさらされる典型的な衰退地域である。このため州主導のエコロジーに配慮した経済再生事業「エムシャーパーク」の一部として、2003年に都市再生事業のモデル都市に指定された。この事業の背景には、1997年の市議会

図7-2　対象5都市の社会ネットワーク
（Kolleck, Haan und Fischbach 2012）より作成

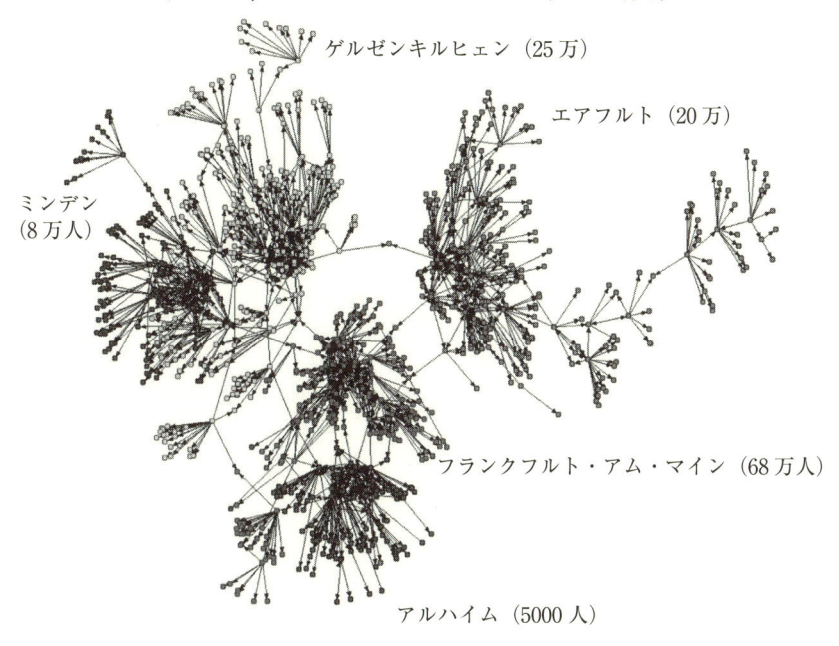

ゲルゼンキルヒェン（25万）
エアフルト（20万）
ミンデン（8万人）
フランクフルト・アム・マイン（68万人）
アルハイム（5000人）

によるローカルアジェンダ21の決議以来、学校が、教会や市民団体、事業所など50以上のアクターと協働して行ってきた地域ESD実践の蓄積がある。財政難のなかで60以上のESDプロジェクトと15のワーキングサークルが立ち上がり、「環境ディプローム」という、年間を通じた地域学習や環境学習の講座のネットワークが組織されてきた。ここでは、産業活動に起因した土壌汚染により遊休化した土地、いわゆるブラウンフィールドの再利用など、衰退地域の再生事業プロセスにおける、ローカル知と結びつく具体的学習プロセスが展開されてきた（Kolleck, Haan and Fischbach, 2012）。このネットワークを基盤とし、旧鋳鋼工場や鉱坑跡地など計28haの再開発地域で、適切なエネルギー効率システムによる「学術研究パーク・プロジェクト」が推進されている。コミュニティレベルでの取り組みによって、2007年に「地域持続

第二部　持続可能で包容的な地域づくりへの実践

可能性賞」と、「国連ESDの10年自治体賞」を受賞し、2009年には最初の連邦レベルの「全地域教育アクターのネットワーク化に向けた教育会議」を主催するに至っている。

5　環境教育と開発教育の実践的統一 ── その可能性と展望

　地域ESD実践の初期に政策的圧力による多様性の排除が見られたドイツでは、各地域の自律生成的なネットワーク構築を支援するアプローチに切り替わってきた。マルチプリケーターには、環境教育や開発教育というマルチカテゴリーのアクターの多様性を尊重しつつ、地域の内外で緩やかなつながりを生み出すことが期待された。その一例として、衰退地域ゲルゼンキルヒェンでは、産業構造転換下での地域再生事業という矛盾とコンフリクトに満ちた開発プロセスで、マルチプリケーターの投入による、多層構造の社会ネットワークが生成されている。彼らが地域社会の多様性に巻き込まれつつ、対話を積み重ね、学社協働をコーディネートするなかで、実践の動的な側面とローカル知が結びついた、多層的な情報や知の流れが生み出されていることが見てとれる。

　持続可能性戦略を実現するための社会的協働は、政治的・経済的な参加能力だけではかならずしも達成できない、矛盾とコンフリクトを可視化しともに乗り越える学習プロセスを必要とする。これを可能とするのは、自己生成する社会ネットワークにおいて、ローカルな文脈で非認知的行為を重ねる実践コミュニティであり、開発教育や環境教育というカテゴリーを実践的に統一していく意味がここにある。実証研究「QuaSi BNE」によれば、地域ESD実践の質は、持続可能性の多様な理解を地域の重層的なネットワークに統合し、同じ方向に向かえるような基準や指標を独自に開発していくプロセスの実現によって保障される。この方向性の舵を取る彼らのネットワーク生成力に、その実践的統一の可能性が見いだされるだろう。

第7章　学社協働の担い手づくり

6　おわりに

　持続可能な開発では、生活の質と社会的協働の視点から、個人の能力開発と地域社会の自律的発展が目指されるようになった。しかし流動性と格差の構造から生まれた教育の質論は、これまで国家や州というマクロなレベルが提供する外部評価基準に依存していた学校に対し、地域社会とのローカルな関係性において、ミクロなレベルで学習者が身につけるべきコンピテンシーの基準を自律的に設置することを求めている。マクロな教育システムはこれを支援する枠組みを設定するにとどまることから、地域社会には、多様なアクターを自律的発展の資源として捉え直し統合していく視点が求められる。

　本章では、学社協働のESD実践にマルチプリケーターが投入されたことにより、多様なアクターの統合が進むESDのローカルな展開を把握することを目指した。ESDマルチプリケーターには、コンフリクト対応やネットワーク構築によって持続可能な地域開発に教育的に寄与することが求められ、養成プログラムはその能力を支えるものとなっていた。ただし彼らの具体的行為としては、実践のアクターの多様性の統合をマクロ統計的に把握するにとどまり、個人の能力開発や地域開発プロセスへの影響の実証は途上である。今後、参加や対話の場におけるマルチプリケーターの行為が、地域の自律的発展や学校の質にどのように寄与しうるかの検証が求められる。

注
（1）2012年は1990年比で25.5％削減を達成している。
（2）1992年のリオ・サミットで採択された行動原則「アジェンダ21」の地域版であり、市町村に対し、ローカルアジェンダ21の策定と、地域住民との協議プロセスとの開始などを呼びかけたもの。ドイツはヨーロッパの39％を占める2,042自治体がプロセスを開始し、最も活発な国となっている。
（3）1975年設立、48万人の会員を擁するドイツ最大の環境市民団体。
（4）例えばBUNDが連邦レベルで展開した「使い捨てプラスティック容器反対運動」は、後に「グリーン・ポイント運動」へと発展し、容器リサイクルの制度化

を実現させた。今泉みね子『ドイツを変えた10人の環境パイオニア』(白水社、1997年) 205〜207ページ。
(5) 政府や企業の「持続可能性報告書」では、経済面の持続可能性の重要性がより明確に表現されている。1994年に連邦政府は持続可能性評議会を設置し、ドイツ経営者連盟は持続可能性の定着を歓迎する表明を行っている。
(6) しかしこのような展開は大都市が主であり、地方都市では、ESDと伝統的な自然保護教育や環境教育との違いはあまり明確化されていなかった。
(7) すでに北部の3州(ブランデンブルク、シュレースヴィヒ・ホルシュタイン、ニーダーザクセン)と中部のヘッセン州は、学校の質のためのガイドラインを策定している。
(8) 実践者が、一般的にESDが環境教育よりも優先的に取り組まれていると見なす割合は3%だが、自分が行う実践はESDであると見なす割合は27%と、9倍に上る。
(9) Apel, Heino (2005) "Umweltbildung und "Bildung für eine nachhaltige Entwicklung" - was denken die Multiplikatoren darüber? Ergebnisse einer Online-Umfrage." *Deutsches Institut für Erwachsenenbildung*. http://www.die-bonn.de/esprid/dokumente/doc-2005/apel05_01.pdf (2013年11月12日最終確認)
(10) ベルリン市州、ブランデンブルグ州、ヘッセン州、ニーダーザクセン州、チューリンゲン州で行われている。
(11) 2003年から「学校と保育の未来」(Zukunft Bildung und Betreuung) 投資プログラムが連邦政府の予算措置で始まり、2008年までに6,918校に対し合計40億ユーロ(約5,600億円)が支出された。これにより午後の教育の提供が拡大される。*Stand der Umsetzung*. Abgerufen am 20. 8 2009 von BMBF Ganztagsschulen: http://www.ganztagsschulen.org/ (2013年11月12日最終確認)
(12)「市場と政策とネットワークが交雑する地域ガバナンスにおける社会ネットワークは、協働する多様な利害を有するアクターの合意や、主体間の知識の組織化、秩序化を生みだす」Inka Bormann, *Zwischenräume der Veränderung: Innovation und ihr Transfer im Feld von Bildung und Erziehung* (Wiesbaden: Verlag für Sozialwissenschaften, 2011).

引用・参考文献
青木聡子『ドイツにおける原子力施設反対運動の展開』(ミネルヴァ書房、2013年) 241〜249ページ。
Apel, Heino. "Rückblicke Entwicklungspolitische Wurzeln und umweltpädagogische Blüte." *DIE Zeitschrift für Erwachsenenbildung 4*, 2005: pp.28-30.
Beer, Wolfgang, and Gerhard de Haan. Ökopödagogik: Aufstehen gegen den

Übergang der Natur. Beltz Verlag, 1984.
BMBF. Bildungsforschung Band 27, Qualität entwickeln - Standard sichern - mit Differenzen umgehen. Bonn, Berlin: *BMBF Referat Bildungsforschung*, 2008.
Bormann, Inka. Zwischenräume der Veränderung: Innovation und ihr Transfer im Feld von Bildung und Erziehung. Wiesbaden: Verlag für Sozialwissenschaften, 2011.
Bundesregierung. Perspektiven für Deutschland. 2002.
Coburn, C.E. "Rethinking scale: Moving beyond numbers to deep and lasting change." *Educational Researcher 32, no. 6*, 2003: pp.3-12.
Fahnert, Dietmer. "Betrifft mich nicht; BNE als schwer kommunizierbares Label." *DIE Zeitschrift für Erwachsenenbildung* 4, 2005: pp.34-36.
Fend, H. "Qualität und Qualitätsicherung im Bildungswesen: Wohlfahrtsstaatliche Modelle und Marktmodelle." *Qualität und Qualitätssicherung im Bildungsbereich: Schule, Sozialpädagogik, Hochschule. 41. Beiheft der Zeitschrift für Pädagogik*, A. Helmke, W. Hornstein and E. Terhart, Weinheim;Beltz, 2000: pp.55-72.
Giesel, Katharina D., Gerhard de Haan, and Horst Rode. Umweltbildung in Deutschland. 2002.
Haan, Gerhard de. "Bildung für nachhaltige Entwicklung - ein neues Lern- und Handlungsfeld." *UNESCO heute*, 1 2006: pp.4-8.
Haan, Gerhard de, and Dorothee Harenberg. Gutachten zum Programm "Bildung für eine nachhaltige Entwicklung" . BLK-Heft 72, 1999.
Jänicke, Martin. "Germany." *National Environmental Policies: A Comparative Study of Capacity-Building*, Martin Jänicke and H. Weidner, 133-155. United Nations University, 1996.
Kolleck, Nina, Gerhard de Haan, and Robert Fischbach. "Qulalitätssicherung in der Bildung für nachhaltige Entsicklung: Netzwerke, Kommunen und Qualitätsentwicklung im kontext der UN Dekade Bildung für nachhaltige Entwicklung." *Bildung für nachhaltige Entwicklung - Beiträge der Bildungsforschung*, Bildungministerium für Bildung und Forschung, 2012: pp.115-142.
Michelsen, Gerd. "Verpasst die Weiterbildung einen wichtigen Diskurs?" *DIE Zeitschrift für Erwachsenenbildung* 4, 2005: pp.31-33.
PISA Konsortium, Deutschland. PISA 2006 in Deutschland, Die Kompetenzen der Jugendlichen im dritten Ländervergleich. Münster, 2008.
Programm Transfer-21. "Bildung fur nachhaltige Entwicklung. Hintergrunde, Legitimation und (neue) Kompetenzen." Berlin, 2007. p.13.

Programm Transfer-21. "Abschlussbericht des Programmträgers." Berlin, 2008, p.37.
Renn, Ortwin. "The Changing Character of Regulation: A Comparison of Europe and the United States. A Comment." *Risk Analysis* 406, 2001.
RSU, Rat von Sachverständigen für Umweltfragen (RSU). "Umweltgutacten 1994." Deutscher Bundestag, Drucksache 12/6995, 1994.
トランスファー21著、由井義通/卜部匡司監訳『ESDコンピテンシー 学校の質的向上と形成能力の育成のための指導指針』(明石書店、2011年)。
高雄綾子「公教育制度におけるESDの意義の考察─ドイツの「ESDコンピテンシー・モデル」をめぐる議論と評価から」(『環境教育』20巻1号、2010年)35〜47ページ。
Victor, D. G. "Recovering Sustainable Development." *Foreign Affairs 85, no. 1*, 2006: pp.91-103.

第8章　3.11と向きあう開発教育
―開発教育協会（DEAR）の試行的実践

岩﨑　裕保

1　はじめに

　田中正造が1912年（明治45年）6月17日の日記に「真の文明は山を荒らさず、川を荒らさず、村を破らず、人を殺さざるべし」と記していることは知られており、いま多くの人がこの言葉の意味をかみしめていることであろう。私たちが今日考える開発が、地域の自然やそこに暮らす人びとの中にある可能性を引き出し、技能や技術によって資源を活かし、交わりや教育によって人びとの能力を伸ばして、その地域をよくすることであるとするならば、100年ほど前に田中正造が言ったこととの違いは見つけにくい。私たちが暮らす今は彼の時代よりはたして進歩したのであろうか、との思いを抱かざるを得ない状況にあることに気づいている人も少なくない、ことに3.11以降は。田中正造は下級官吏として働いていた時も凶作に苦しむ貧しい農家の一軒ごとの覚書を作るなど、弱者の側に身を置いて行動する人であった。一方で世界の陸海空軍を全廃することについても考え働きかけをしており、思想はコスモポリタン（世界主義的）、行動はローカル（地方主義的）ということができる（鶴見、2012）。開発教育は田中正造の思想と行動とは無縁のところから始まったのだが、"Think Globally, Act Locally"（地球的規模で考え、足もとから行動する）や「社会公正」など共通する視座がある。

　教育について思いを巡らせるとき、ジョン・ハックルが「もっと開かれた教室の中で体験的な授業を通して子どもを解き放ってやりたいと願いながらも、何から何に向かって生徒を解き放とうとしているのか気づかないままでいる教員が多い。そうした教員の作るカリキュラムは政治的な事柄に拠るよ

第二部　持続可能で包容的な地域づくりへの実践

りも心理学的な基盤に基づいていて、その結果、現実の世界で抑圧を引き起こし自由を妨げている社会構造にはほとんど注意を払わないような学習活動を繰り広げることになる」（ハックル、1997）と言っていることは心に留めておいていい。それから四半世紀が経過した今、ハックルがいう社会構造について広く学ぶ機会が保障されるようになっているであろうか。また、ロジャー・ハートが『子どもの参画』（2000）で論じた「参画のはしご」の下位の段階（操り、お飾り、形式的）から抜け出た参画が一般的になっているであろうか。3.11との関連で教育について思索し模索をしなくてはならなくなった今日、「政治的分析」や「政治的教養」に背を向けていることはできなくなっており、また「参加」や「参画」に関しても代表民主制への疑問や課題も膨らまざるを得ない状況が生まれている。こうした大きなテーマを小論で扱うことはできないが、私たちにとってそれは通奏低音のように流れ続けているものであることは覚えておきたい。

2　「3.11」直後

　2011年4月1日に開発教育協会が出した「DEARニュース150号」に私は代表として、お見舞い文の中に「地震も津波も自然の営みの一部ですが、その後のことは社会の責任として引き受けなければなりません。ことに原子力発電所で起こっていることは、私たちの社会の再構築を求めるものでしょう。今、その現場で必死に働いている人たち、その家族のことにも思いを致したいと強く感じます」「『阪神淡路』の時、人々が言葉を交わすことが増えたように思いました。今回も、気持ちを伝えあいたいと思い、語り合う人々の姿を見ます。コミュニケーションの基本はコミュニオン（時間と空間を共にすること）ですが、時空を越えてつながっていたいと願うことの意味があります。無関心ではいられない、何とか生きていてほしい、助けたいという気持ちが力になり、行動につながります」と書いた。

　DEARとしてはとにかく「東北緊急募金」を始めた。DEAR団体会員で東

第8章　3.11と向きあう開発教育

北地方に拠点を置く「国際ボランティアセンター山形IVY」「地球のステージ」「バニヤンツリー」の3団体と話をして、使途は各団体の判断に委ねることとし、被災者支援活動に使ってもらうようにした。「DEARニュース150号」には、「募金は、被災者の方々から、どんな支援が必要なのかを聴きながら役立たせていただきます」（藤本さん＝バニヤンツリー）、「すぐに持っていきたいと（被災地で活動する）現地組から要請のあった物資は、ボランティアの学生たちが自転車で雪の中を、買い出しに出かけ調達してきてくれました。今回の物資調達で見えて来た社会の構造、民と官の関係、企業の支援の在り方、ボランティアの課題など、いつかきちんとした形で報告したいと考えています」（阿部さん＝IVY）、「募金は、被災地での医療活動に役立てられます」（地球のステージ）とのメッセージが載っている。また外国人被災者への情報発信と支援を行う事業を仙台市から受託した仙台国際交流協会の「3月11日の地震発生直後、FMラジオ局に直行し、易しい日本語、英語、中国語、韓国語での生放送を行った後、夜には仙台国際センターに戻り、停電で真っ暗な中、協会職員と駆けつけてくれた留学生達とで多言語支援センターをスタートしました。電話相談、ブログやメルマガ発信、FM3局での放送、避難所巡りを行いながら、震災から2週間経った現在も多くの人・機関の協力を得て活動を続けています」という報告もある。

　3月16日には、DEAR関係団体による支援情報や震災に関する教材の情報等を提供するブログhttp://dearshinsai.blogspot.com/を開設した。約8か月後にはこのブログは更新を終了したが、ここには「支援・募金情報」「多言語情報」「リンク集」「海外からのメッセージ」があるだけでなく、「教材」や授業の実践レポートが紹介されている。

　震災直後、国際協力NGOは国内での活動についてどうあるべきかなどと一瞬考えたが、行動をちゅうちょする理由があるはずもなく、動き出してみると途上国での経験が大いに役立った。国際と国内といった線引きは無用だということは明らかだった。

第二部　持続可能で包容的な地域づくりへの実践

3　チャリティ・ワークショップの開催 ── ともに話し合い、考える

　DEARは4月7日と4月29日に「チャリティ・ワークショップ」を、ガールスカウト会館の使用料無料の提供を受けて行った。参加者はそれぞれ62名と70名で、参加費は「DEAR東北緊急募金」に繰り入れた。いずれの会も第1セッションで「ワークショップ版　世界がもし100人の村だったら」を行った。富の格差の大きさに驚いたり、富の配分をどうするのかを考えることが被災地域に送られた支援物資の配分の難しさに思いを巡らせることにつながった。

　第1回目の第2セッションは「まだ被災者の方が苦しんでいる状況で、教材として取り上げることにためらいはある。それでも、子どもたちや家族と話したい、という思いでワークを行いたい」という説明のあと、「3.11」をふりかえった。地震があった時、どこにいたか、何をしていたか、何を感じ、考えたか、そして、今20日経って考えていることについてそれぞれがワークシートに記入した後、共有をした。さらに、震災後の新聞記事や写真を見て読み解きを行ったり、世界各国からのメッセージを読み上げて感じたことを分かち合った。

　こうした活動をとおして参加者からは「これまでお会いしたことの無い方と震災についての思いを語り合い、共有できたことが何より一番大きな収穫です。何かを学べたかではなく、今日から明日から少しでも前を向いて生きていこう、働いていこう、活動していこうと気持ちが高まりました」「グループワーク、全体の共有で、自分が感じていたけど言葉にならなかったことが、言葉になったような気がする」「参加型学習では考えがまとまっていなくても『話すこと』によって自己理解や気づきにつながると思いました」「誰もが初めて経験すること、誰もが不安に思っていること。この現実を受け止めて『みんなで共有する時間』を授業でつくっていきたい。そうすることで、自分たちの進むべき方向がみえてくるから」「チャリティで勉強できるなん

てすばらしい。このアイデアに花まるです！」「これだけ多くの人が集まり、国際協力や震災について何かしたいと考えていることに驚き、素晴らしいと思いました」といったコメントが寄せられた。

　第2回目の第2セッションは、震災から50日間の新聞一面を追いながら、起こったことをふりかえった。そして、DEARが公開した教材「東日本大震災」の中から「3.11をふりかえる」を使って、グループ内でそれぞれの気持ちや体験を聞き合ったあとに、「国際協力」を考えるワークを行った。今回の震災では多くの国々から支援を受けている日本だが、どこから援助を受けているのか、「援助国」を想像して地図に色を塗ってみたあと、実際の援助リストを見た。ほとんどのグループが30～60か国に色を塗ったが、実際は143カ国（2011年4月末現在）から援助があった。続いて、「復興財源のためにODA予算570億円を削減することを決定」という新聞記事を読み、「ODA500億円を削減し、震災復興財源とすることは妥当である」という考え方についてワーク「部屋の四隅」（妥当である／どちらかと言えばYes／どちらかと言えばNo／妥当でない）を行った。「妥当である／どちらかと言えばYes」が6割強、「どちらかと言えばNo／妥当でない」が4割弱くらいに分かれ、意見交換をした。意見を聞いて途中で場所を動いた人もいた。最後に、新聞記事「出荷自粛・停止期間中にホウレンソウ出荷　千葉・香取」（4月27日朝日新聞）を読んで、ワーク「わたしの気持ち」を行った。「消費者としては不安だが、出荷する農家の立場になってみたら、仕方がない」「ルールは守ってほしい」「補償について説明がなければ出荷してしまう」「これは氷山の一角？」「もともとは原発事故が原因なのに…」などの意見が出された。

　参加者のコメントは以下の通りである。「会うことはなくても『世界に誰かがいる』という感覚を持ち続けていきたい」「開発途上国や震災など、複雑でも少し重いテーマでも授業のやり方によって考えることができる」「システムやリーダーシップをとる機関がなければ、物資があってもうまく配分されることがないこともよく分かりました」「今、起きていることを学校で

扱わなければ、子どもたちが生きる社会と学校の学びがつながらないので、扱うべきと感じた」「ODAの削減について人の意見を聞いている時に、そこにリンクして自分の意見をより探求できたのは発見でした」「ひとつの新聞記事から広げる授業の面白さ、自分の意見を言い、相手の意見を聞くことが楽しいということ」「自分がまだまだ考え尽くせていない中で、ワークショップをやる側にいていいのか悩みます。でも、やる中で気づくこともあるかもしれない」

　このように参加者のコメントは「気持ちを分かち合いたい」「話し合いたい」「伝えたい」という表現に満ち溢れ、そういうことができる場に出会えたことに意味を見出している人びとが少なからずいる。出会い話し合うことこそが、これからの社会をどういうものにしていくかという点で不可欠なことであり、そこからしか方向は見えてこないのではなかろうか。

4　教材づくり ― DEARの基本姿勢

　DEARの特徴は、さまざまな立場の人たちがともに「学びの場」づくりに参加し、"世界"と"学びの場"をつないでいることである。そういう場では「教材」の働きは大きい。

　DEARでは「時事問題を教室へ」というコンセプトで、2004年から「グローバル・エクスプレス」という教材を作ってきた。英国マンチェスターの開発教育プロジェクトが発行している"Global Express"に刺激を受けて、開発教育の視点から時事問題を扱い、メディアを批判的に捉える力を養いたいとの思いで、教員やNGOスタッフ、研究者など10名程度がボランタリーに参加するプロジェクト・チームが2002年に立ち上げられた。「イラク」「パレスチナ」「中国」「TSUNAMI」「地震」「サッカー・ワールドカップ」「ロンドン五輪」「リーダーを選ぶ」などのテーマを扱っており、ウェブに公開し無料でダウンロードできるようにしてある。

　3.11についての「グローバル・エクスプレス」は3号にわたっている。「第

13号 東日本大震災」を4月15日に公開し、「わたしの気持ち」「3.11をふりかえる」「これからの世の中」「メッセージをつくろう」の4つのアクティビティだけでなく、全国の学校から寄せられた実践報告レポートや、各地で行われたワークショップや講座の報告などもある。「第14号 東日本大震災part2・世界からの援助」は6月17日に公開され、世界中から受けた「援助」の実際を知り、「援助」や「国際協力」について考えるアクティビティ「世界からの援助（世界中から受けた援助の実際を知る。援助される側の気持ちを確認すると共に、世界の人々の連帯の意識 'solidarity' に触れる）」と「南からの援助（外国、中でもアジアの「開発途上国」と呼ばれる国の市民がどのような支援活動を行ったのかを知る。「援助」や「国際協力」について話し合い、考える）」が用意されている。ここでも各地からのレポートが読める。そして第29回開発教育全国研究集会のワークショップ「グローバル・エクスプレス—東日本大震災後を考える」で使用したワークシートをまとめた「第15号 東日本大震災part3・社会を見つめなおす」を9月9日に公開した。思いを分かち合うという根源的なことに加えて、「世界最大の被援助国」となった日本について思いを巡らせ、国際社会における協力とはいかなるものなのか、日本がこれまでに行ってきた「援助」の意味を考える機会を提供した。

　DEARは9.11と2003年3月の英米軍によるイラク先制攻撃が行われたことを受けて『もっと話そう！平和を築くためにできること』を2003年8月に発行した経験を持っていた。そこで2011年3月の福島第一原発事故を受けて、2012年2月に会員対象に教材『もっと話そう！原発とエネルギーのこと』（非売品）を急きょ制作し、それを大幅に加筆・改編した『もっと話そう！原発とエネルギーのこと—参加型で学びあう16の方法』を同年12月に発行した。

　その「はじめに」でDEAR副代表の湯本浩之は「原発事故の被害や影響が深刻になるにつれ、『原発反対』を趣旨とする声明などへの賛同が求められ、原発に対する当会の立場や姿勢を明らかにすべきではないかとの指摘も寄せられました。これらを受けて議論を重ねた結果、教育団体でもある当会とし

ては、旗幟を鮮明にして政治的立場を表明することよりも、原発問題のような『議論の分かれる問題』を民主的に議論し、参加型で学習する機会や方法を提供することを優先しようとの確認が当会の理事会でなされました」とDEAR内部での議論を紹介している。ここにはDEARの基本的な立場や考え方がよく表れている。「当会では、『はじめに答えありき』の教育に疑問を感じ、その代案を模索し追究しようとしてきました。どのような『問い』を立て、それにどう『答える』のかを学習者一人ひとりの自主的な判断に委ねていこうとするのであれば、問題の是非や政策の賛否を組織として声高に提示するよりも、まずはひとり一人の思いや願いに寄り添い、『もっと話そう！』と呼びかけるべきではないかと考えたのです」「とは言え、東日本大震災と原発事故が当会や開発教育に投げかけた深大な『問い』から逃れることはできません。自然現象を回避することはできないにせよ、二度とあのような原発事故があってはなりません。では、そのために『教育』がなすべきことや、開発教育が果たすべき役割とはいったい何でしょうか。この『問い』に結論や正解があるとしても、私たちがそれに至るまでには、議論や試行錯誤が引き続き必要であるとは思いつつ、その『問い』への現時点での『答え』のひとつとして本冊子を発行することにしました」そして「本冊子は『原発』政策に対する賛否を問うことを意図したものではありません。そもそも原発や原子力とは何かを知り、公正で持続可能な共生社会における資源やエネルギーのあり方を考え、私たち一人ひとりが自ら判断し行動していくための話しあいや学びあいのヒントや事例を紹介するものです」と結んでいる。

　開発教育ではコンテンツと同様にプロセスも大切だと訴えてきた。学ぶべき内容と方法の調和と言ってもよい。たとえば、民主主義的な中でこそ民主主義について学ぶことは可能になる、あるいは参加型開発については参加型の学びが有効であるということであるが、民主主義や参加型開発について学ぶということ自体に価値があり、社会や世界とつながることでもある。『もっと話そう！原発とエネルギーのこと―参加型で学びあう16の方法』も原発とエネルギーについての学習をすること自体がその課題をやり過ごさず考え

未来につなごうとするものであり、ハックルの議論を受け止めている。『もっと話そう！』のウェブページにはアクティビティを使った実践レポートが掲載されている。「参加型の学び」の教材出版で終わらせることなく、この教材を使った人たちの声によって、作った教材がより豊かなものになっていくというもう一つの「参加」のプロセスである。また、2013年前半には仙台、米沢、浦添、東京、函館、広島、横浜の7か所で、この冊子を使ったワークショップも開催した。

5　環境教育と開発教育の実践的統一 ── その可能性と展望

　1997年にギリシアのテサロニキで行われた「環境と社会に関する国際会議」では、「貧困やジェンダーのほか、人口・健康・食糧・民主主義・人権・平和も環境と同様に、持続可能性の教育の再構築の対象」とされ、「文化的多様性と伝統的知識の尊重」を訴え、「学習過程やパートナーシップ、参加の平等、そして政府・地方政府・学者・企業・消費者・NGO・メディアなどの間での継続的対話」が求められている。1987年にブルントラント委員会が出した『我ら共通の未来』（日本語訳では『地球の未来を守るために』）の中で「持続可能な開発」という言葉が公式文書として初めて登場している。そこでは、環境と開発は不可分であり、生存は不均一な開発、貧困、人口増加と関わるという指摘があり、経済成長を可能にする資源の公平な配分を訴え、加えて"意思決定過程への市民参加"と"富める者たちの生活様式の見直し"の2点が指摘されている。この半世紀の間に国際社会は環境と開発の不可分性に気づき、課題を設定してきた。

　2014年はDESDの最終年ということで、日本国内でも世界各地でもさまざまなイベントが行われるであろう。2002年8〜9月に筆者が「ヨハネスブルグ」に参加したことを振り返ってみると、環境教育と開発教育が協働できる可能性を垣間見た時だったと思いが脳裏をよぎる。2002年8月27日のヨハネスブルグでの日本の議員団とNGOの懇談会で、沖縄環境ネットワークから

の「基地による環境汚染の責任者（米軍と日本政府）がその任を果たしていない」との指摘は当然すぎる問いかけであったが、これに応えた議員は一人もいなかった。再生可能エネルギーの話になると「脱原発はいい加減だ」とか「ドイツのまねをするわけにはいかない」といった見解が自民党議員から示された。外務省による「エネルギー教育」に関するセミナー（9月3日）に参加してみると、「電気は大事に使おう」「solarとnuclearはクリーンだ」と電力中央研究所員が南アフリカの子どもたちに伝えていた。教育が原発輸出のための露払いとして使われるのか、そういう教育援助が行われるのかと危惧を抱いたが、10年経ってみるとそれは的外れではないことが判明した。

　3.11までは、たとえば日本のエネルギー特に原子力発電について、環境教育に携わる人たちから強く疑問が出されていたわけでもなく、開発教育でも「電源三法によるお金の流れは途上国へのODAのそれと構造的には同じではないのか」といった議論はあったものの積極的にテーマ化する姿勢はなかったが、ことここに至っては避けて通ることはできなくなっている。

　ドイツのフライブルクが世界の環境都市と言われるようになった根っこには原発建設反対があり、そこからエネルギーについて市民が考えるようになり、まちづくりに発展した。宮崎県の綾町はダム建設計画がきっかけになって、循環を軸にまちの産業を変えていった。大阪の西淀川地域では公害裁判を経てNPO法人が立ち上げられ、公害地域の再生をめざし、フィールドワークの場として最近では中国の学生や研究者などとの交流も積極的に進めているが、公害教育と環境教育を継続的なものとして見ること、そして環境教育が自然環境だけでなく社会環境も対象とするという認識によって、新しい地平が拓かれようとしている。こういう視座を持てば、環境は国際協力のテーマにもなる。たとえば、列強間の抗争にさらされ冷戦下で環境問題が深刻化する中で、バルト海沿岸諸国が国家体制の枠を超えた協力によって環境問題の解決のために動き、それが地域の安全保障政策や冷戦直後の混乱緩和に役立ち、また地方自治体やNGOsなどの多様なアクターによるボトムアップの協力も活発に行われた（百瀬・志摩・大島、1995）。このように日々の暮

らしに結び付いた環境＝開発問題についてフォーラムを作って東アジア地域で交流を始められれば、進展のない「東アジア共同体」の議論にも変化を起こさせる可能性も見えるかもしれない。オーストラリアの環境学者ジョン・フィエンが2003年に立教大学で行われた「アジア太平洋地域におけるグローバリズムとESD」で「DESDは政府の政策に変更を迫る良い機会である」と言ったことは忘れられない。

6　おわりに

　「原発見学」を学校行事として実施してきたことによって「原発安全神話」「原子力＝クリーン」が浸透していったとみるのはあながち間違ってはいないであろう。また、文科省と経産省は毎年「原発ポスターコンクール」を行っていた―3.11後も作品募集を続けていたが、4月にはこのサイトは削除された。こうした空気や姿勢に対して疑問を呈したり、原発そのものの危険性を告発してきた人たちは、3.11以前には「異端者」扱いされていた―3.11以降はその扱いが変わったが、その風向きも2012年後半に入る頃には再び変化がおこっていることは多くが認めるところであろう。2013年11月11日の朝日新聞のインタビュー記事で、宮本憲一（環境経済学者）はあらためて「原発事故は史上最大最悪の公害だ」、「足尾鉱毒事件で栃木県谷中村が滅んで以来のこと」と訴えている。

　高度成長期の公害問題は技術だけで改善されたのではなく、政府による規制を待てない住民が知事を取り替えることで厳しい条例を制定し、公害規制をしていった。自治体レベルでの民主主義が機能した時であった。しかし日本の企業が途上国で公害をまき散らしていたことに関しては、当時の労働組合も積極的な関心は示さなかった。このような社会の主流から見逃されるような、しかしながら社会的公正という見方・考え方からきわめて重要な課題に目を向ける「市民」を育むことができるかどうかが、いま問われている。国家を枠組みとした「国民教育」ではなく、その枠に閉じ込められない「市

第二部　持続可能で包容的な地域づくりへの実践

民教育」という視座は、環境や開発、人権そして平和などを扱う教育をつなぐ働きをする。ハックルが言うように社会構造を冷静に見ることが「市民教育」にとっては不可欠である。

　花森安治はエッセイ「見よぼくら一戔五厘の旗」の中で、「ぼくらの暮しと　企業の利益とが　ぶつかったら　企業を倒す」「ぼくらの暮しと　政府の考え方が　ぶつかったら　政府を倒す」というのが民主主義であり、暮しを何よりも第一にすることだと言っている。何かが起こったことで社会のアクターとしての自分自身（の在り方）に目を向け、そのリスクから見えてきたことや分かったことによって個々人が反省的・再帰的に交わり関係を創っていくことで、より多くの人びとが変化のアクターとなっていく、と「リスク社会論」は示唆している。この議論よりも前から、鶴見や花森は戦争（に象徴されるようなリスク）を日常として受け入れてしまったことを考えることの意味を問うていた。3.11によって引き起こされた問題は、自身の営みによって起こり、自らの責任に帰せられるべきものであるとすれば、これまでのそしてこれからの教育が問われていることに私たちは気づき、新たな展望を示すことが求められる。映画『ハンナ・アーレント』の最終場面で主人公は「思考ができなくなると、平凡な人間が残虐行為に走るのです。…私が望むのは、考えることで人間が強くなることです。危機的状況にあっても、考え抜くことで破滅に至らぬように」と言っている。

　自然災害にあった人びとは何とかして元のところで暮らしを再開しようとするものだが、3.11の原発事故ではそういう展望を描くことはできない。大きな災害を被り、そのうえ地球規模の「核問題」を引き起こしてしまった日本社会は、地球規模の責任を負っている。いま私たちは「地球市民」という認識と展望を持ちつつ、日本という社会の再構築をしていかなくてはならない。まさにグローカル（グローバルかつローカル）な視座が求められている。

引用・参考文献
ベック、ウルリッヒ『世界リスク社会論』（筑摩書房、2010年）。

花森安治『一戔五厘の旗』（暮らしの手帖社、1971年）。
ハート、ロジャー『子どもの参画』（萌文社、2000年）42ページ。
ハックル、ジョン「政治教育から学ぶこと」（D.ヒックス、M.スタイナー編、岩﨑裕保監訳『地球市民教育のすすめかた』明石書店、1997年）43ページ。
環境と開発に関する世界委員会『地球の未来を守るために』（福武書店、1987年）。
百瀬宏・志摩園子・大島美穂著『環バルト海』（岩波書店、1995年）。
鶴見俊輔「田中正造―農民の初心をつらぬいた抵抗」（『身ぶりとしての抵抗』河出書房新社、2012年）。

付記
　『もっと話そう！　原発とエネルギーのこと』は2013年度に関西国際交流団体協議会が実施した「ESDグッドプラクティスの収集・評価・顕彰事業」で「グッドプラクティス10事例」の１つに選ばれた。

第9章　循環型地域社会づくり
――農・食・農村共同体の価値と開発教育

上條　直美

1　はじめに――「農」が提起するもの

　本章は、農の営み[1]や農・食・農村共同体に埋め込まれた学びの意味を通して、持続可能な循環型地域社会づくりに必要な学習への示唆を得ることを目的としている。

　西川（2011）は、経済グローバル化が行き詰った世界で、ポスト・グローバル化世界への移行を実現していくためには、人生や社会の目的として脱成長（新しい豊かさについてのビジョン）が重要であると述べている。巨大資本を蓄積した企業が国境を越えて生産と市場拡大の活動を地球規模で推し進めていくグローバリゼーションという動きは、成長信仰の上に成り立っていたが、それが見直される時期に来ている。なぜなら、私たちは「モノの生産、消費が第一で、それを推進するために、社会関係の分裂や生態系・環境の悪化に目をつぶってきた」（西川、2011）からであり、もはや経済成長だけが豊かさではないということに多くの人が気づいているからである。新しい豊かさへの模索は、心の豊かさ、精神的な豊かさなどの言葉で語られ、ブータンの「国民総幸福」（GNH）や、タイの「足るを知る経済」などのようなこれまでとは異なる経済や社会のあり方が注目されるようになった。

　社会関係や環境を壊さない「新しい豊かさについてのビジョン」を模索するひとつの手がかりとして、本章では農の営みに関連する価値や学びに着目していく。農の営みは、持続可能な社会の4つの側面（阿部、2010）に即して言えば、環境（生態系の保全）、経済（適切な開発）、社会（平和、人権、平等、文化的多様性）、政治（参加型民主主義、市民の社会参加）のすべて

第二部 持続可能で包容的な地域づくりへの実践

の面から総合的に分析が可能である。自然に働きかけ、生態系を壊さない程度のバランスを保ちながら人間が生きていく糧を得、家のやりくりを考え（経済）、共同で農作業を行い、また日常的な暮らしの中に文化を持ち、農村共同体を維持していくための慣習を持っている。作物を育てる一連の作業の中で、人間の力でできることは種を蒔くことと土を耕すことで、作物を育てるのは太陽や水である自然のエネルギーであり、これらを人間が作り出すことは本来できない。自然の営みの上に成り立つ人間の営みである。

こうした自然との共存の中で人間が編みだしてきた農や食の生産、農村共同体としての地域づくりが近代化、開発主義、グローバリゼーションによって奪われている現在、後退した農、農村に対して、かつての姿を取り戻すということではなく、新たな共生社会の創造の場として農村と都市の両方において新しい豊かさのビジョンを創造していくことが必要である。

本章の構成は、まず、農の営みがいかにして市場経済と齟齬をきたすかということを述べ、さらに北タイの農村の事例から開発主義、グローバリゼーションが農村に与える影響を分析し、NGOの協力によってどのようにそれらに対抗しているかを考察する。次に、開発主義、市場経済主義に対抗する農を軸とした生活・学習共同体の事例を韓国、日本から紹介し、そこに通底する学びを見ていく。

2　開発教育からの農の価値への接近

開発問題を扱う教育としての開発教育[2]では、1990年代後半、定義再考のプロセスで、「開発」は途上国だけの問題ではなく地球社会共通の課題であるという認識が改めて共有された。それまでも各地域の教育実践において地域課題への取り組みが散見されたが、本格的に日本の地域課題への取り組みを意識的に行うようになったのは、国連・持続可能な開発のための教育（ESD）の10年を契機としていると考えられる。

開発教育の中で、「農・食・農村」に関わる実践はこれまでに数少ないが、

第9章　循環型地域社会づくり

テーマとしては重視されてきたものの一つである。開発教育の学習教材として世界の食をテーマにしたもの⁽³⁾や、和歌山・岐阜・京都で開催された開発教育フィールドスタディ⁽⁴⁾の実施などは興味深い試みであった。こうした取り組みはここ数年のことであり、「農村共同体、農・食に関わる学びから循環型の地域社会を構想していくということと、開発教育がそこにどのように関わりうるのか」ということについては、まだ明快な方向性や答えが見えているとは言い難い。しかしおぼろげながら見えて来たことは、開発教育が地域課題を学習テーマの一つとして取り上げたいのか、それとも地域社会づくりの中で何らかの役割を果たすことができる存在になりたいのか、という問いである。知り、考え、行動するという開発教育の目標を考えるならば、後者を含むと考えることは妥当であろう。国連・持続可能な開発のための教育の10年（国連ESDの10年）の実施によって開発教育における「地域とどう向き合うか」という取り組みは大きく進むこととなり、その中で開発の問い直しと内発的発展という鍵概念の共有が行われた。内発的発展における地域からの視点を深く理解し、開発教育における「視点の転換」をはかっていくことも必要とされるのではないかと思う。循環型地域社会づくりと学びというテーマを考える際に、農の価値の再考を開発教育としてどう受け止めるかという視点の両方から考察する必要がある。

3　農の営みの位置

　本節では改めて、持続可能な社会づくりに向けた役割という視点から農の営みを位置づける。ひとつは経済のグローバリゼーションへの対抗軸としての役割である。もうひとつは人と人、人と自然の共生を創造する価値を持つものとしての役割である。
　そもそも農業は、資本主義社会における産業という位置づけに馴染むものではない。農業の近代化は、農業の生産性を上げ、農工間の所得格差を是正するものとして進められた。内山（2006）は、本来農作物は「半商品」であ

ったと説いている。半商品とは、「市場では商品として通用し、流通しているけれど、それを作る過程や生産者と消費者との関係では、必ずしも商品の合理性が貫かれていない」(内山、2006)商品のことを言う。

また、磯辺(2000)は、資本主義経済モデルはモノの循環とカネの循環のバランスのうえに成り立っており、その中で現代の私たちの生活も営まれているとしている。この基本循環からはずれているのが、人間生活の再生産、すなわち人と自然との相互作用である。しかし、「人間は商品としてだけこの循環に組み込まれるのだから、その結果、それまで大地(自然)と結びついて持続してきた人間生活じたいは、逆にこの循環からはみだすことになった」(磯辺、2000)。資本主義的な循環の「特殊」として人間生活が本来基盤としていたのが、食糧生産としての農業生産である。

宇沢(2009)は、「農業農村は社会的共通資本として把握すべきであり、工業とは違う」(宇沢・内橋、2009)として、農業という営みや農村は、公共財とみなすべきだとの見方を提起している。

戦後、農業の産業化によって、こうした矛盾は、公害問題、環境問題、食品の安全性という社会問題として、あるいは農業経営においても過剰投資、化学肥料・農薬多投が行われ、さまざまな問題となって顕在化した。そうした反省から、農業の経済価値以外の面が見直されるようになる。

1961年に制定された農業基本法に代わり1999年に制定された「食料・農業・農村基本法」では、基本理念に、1)食料の安定供給の確保、2)多面的機能の発揮、3)農業の持続的な発展、4)農村の振興の4本柱を掲げているが、特に注目したいのは、2)多面的機能の発揮である。「国土の保全、水源のかん養、自然環境の保全、良好な景観の形成、文化の伝承等農村で農業生産活動が行われることにより生ずる食料その他の農産物の供給の機能以外の多面にわたる機能(以下「多面的機能」という。)については、国民生活及び国民経済の安定に果たす役割にかんがみ、将来にわたって、適切かつ十分に発揮されなければならない」[5]、とうたっている。

経済価値に収斂されない農の営みの存在は、環境問題への意識の高まりや、

一部規制緩和による農業への株式会社やNPO法人の参入により、コミュニティビジネスという新たな形の台頭を背景に、若者の間で関心を持つ者が多くなった。また、農業政策のほころびは、TPP（環太平洋パートナーシップ協定）において農業分野での交渉が難航、長期化すると予測されているように、自由化と保護政策のはざまで露呈している。

4　北タイ農村におけるグローバリゼーションのプロセス

　日本の農業は近代化の過程で徐々に解体されていったが、国際開発の分野で開発途上国における自給的な農と農村の解体は、短期間での近代化およびグローバリゼーションのプロセスで急速に進んだ。

　本節では、2007年〜2011年の5年間にわたって、北タイのNGOであるISDEP（持続可能開発教育促進研究所）と立教大学ESD研究センターの共同プロジェクトにおいて交流のあった北タイ農村の事例から、農村が受けたグローバリゼーションの影響を、経済、社会、文化の側面から分析し、さらに同プロジェクトで明らかになった村人に必要な学びとは何かを紹介する。

　タイでは、1950年代末からの開発政策による工業化の推進、都市開発、農業生産の促進、特に地方経済や農業活性化プロジェクトが進められた。同時に、タイの山岳民族にタイ民族としてのアイデンティティを植え付けることを目的とした経済開発路線は、土地改革と農産物の商品化を通じて村人の暮らしに影響を与えた。養殖エビ、わさびなど、契約農業形式で取引きされるものは、販路を保証される代わりに細かい指示のもとでの生産管理によって農民のリスクを高める。単一商品作物の栽培、自給用農地のプランテーションへの転換、農薬による健康被害、農業機械類の購入による借金、国際情勢の変化による価格暴落と負債など、さまざまな形で村人の生産活動を激変させた。その一方で、テレビや車などの家電製品への購買欲は、都会の暮らしの便利さやおもしろさへのあこがれをあおり、現金収入の必要性を生み出した。近代学校は、画一的なカリキュラムのもとタイ語を教え、自文化の重要

第二部　持続可能で包容的な地域づくりへの実践

性を相対的に低めていった。都会にあこがれる若者は村を後にし、若者の減少した村は、共同体としての力を弱めていった。

　このような状況に対して、タイのNGO等はさまざまな介入を試みてきた。ISDEPはそのようなNGOの一つであり、村人の現状を分析し、村人に必要な情報や学びを提供してきた。ISDEPは、次のようなステップで、グローバリゼーションに対抗していくための学びを構築した。

　　フェーズ1：開発ワーカーの能力向上
　　フェーズ2：村人のリーダーと青年リーダーの能力向上
　　フェーズ3：学習者が事業に応用するための支援

　これらの学習事業の基本的な前提となっている状況は、ISDEPが村人や、村人と直接活動している開発ワーカーへグローバリゼーションの現状や世界の動きをいくら情報提供しても、現場でそれらの知識を自分たちの状況に即して理解しどう応用したらよいか、ということへつながらないというジレンマであった。そこで、自分たちで考えながら学習を進めるという参加型学習の方法を取り入れ、フェーズ1では、持続可能な開発や参加型開発とは何かを理解すること、フェーズ2では村人が受けているグローバリゼーションの影響をシミュレーション形式の参加型学習を通じて体感すること、フェーズ3では、コミュニティにおけるグループ組織化、あるいはすでに存在するグループへの学習支援を実施した。

　これら一連のフェーズにおいて、日本の開発教育参加型学習教材がタイの参加型開発の現場においてどのように機能するかを検証するアクションリサーチプロジェクトを実施し、参加型の開発教育教材がある程度有効に機能したという成果を得た。その要因としては、開発教育の教材をタイの村という特定の地域のコンテキストに置き換え作業を行うことができたということである。開発教育教材の多くは非常に普遍性、一般性を持ち、社会を構造的に捉える機能は持っているが、池田（2002）[6]が指摘しているような「より的確な地域理解」には限界がある。タイのケースでは、その一般性を再び村の文脈に合わせて作りなおし[7]、地域における開発教育の新しい実践の試

みができた⁽⁸⁾。

5　農を軸とした地域・学習共同体の日韓の事例

　北タイ農村の事例では、村人がグローバリゼーションへの対抗のための学びを通して、企業へ土地を売らない、土地を守るための法律的な手段をとれるようになる、自給的農業の延長として小さな農業ビジネスを始める、農薬を使わない従来の農業を取り戻す、自文化・伝統を再考するなど、さまざまな変化を生み出している。

　本節では、こうした事例と異なり、農と学習を意識的に軸に据えたコミュニティづくりの事例を紹介する。筆者は、『地域から描くこれからの開発教育』(2008) の中で、農を軸とした共同体と学びの事例として、韓国のプルム学校[9]、栃木県のアジア学院[10]の例を取り上げている。

　日本の農業と農村を取り巻く状況は、明治6年（1873年）の地租改正以来大きく変えられた。近代化のプロセスの中で、農業は産業としてみなされ、農作物は商品となっていったことはすでに述べた。地主制度の施行によって自作農民の小作化、零細化、地主の肥大化がおこり、それまで農民とともに領主や代官と闘っていた地主は農民に対して支配者側にまわることになる。自然発生的に農民は小作組合の原型のような形で自らの生活を守ろうとするが、近代化と農村の解体プロセスが表裏一体となって進行している中では必ずしもうまくいかなかった。土地改革によって、穫れ高と関係なく土地の価格に基づいて税金の金納を義務付けられた農民の多くが借金という負のスパイラルに陥り、各地で農民の抵抗運動が起こった（星野、2005）。こうした状況は、途上国と言われる国々の農村地域では、1960年代半ばにかけて世界的に進行した緑の革命[11]や農地改革プロジェクトなどによって、一気に進行したことは記憶に新しい。

　明治から大正期にかけて、こうした農民と農村をめぐる状況の中でさまざまな農村青年運動[12]が展開した。そのひとつに、近代化とともにもたらさ

れたキリスト教の影響を受け、農民を協同の精神に基づいて組織化し、自立／自律を促そうとする取り組みがある。日本に組合運動を紹介し農村に広めた賀川豊彦（1888〜1960）と杉山元治郎（1885〜1964）によって、1922年に日本農民組合が設立され「土地と自由のために」というスローガンのもと、全国各地に農民組合運動が広められていった。組合運動を通じて、農村の疲弊と小作農民の窮状を打開するためには農民教育が必要であると考えた賀川と杉山は、政府や道府県が管轄する農学校が地主子弟の教育を目的としていることに対抗して、自作・小作農民のための農民高等学校を作る。この学校のもととなったのは、デンマークのフォルケホイスコーレ[13]であった。フォルケホイスコーレを発展させ、農民福音学校運動をおこし、「協同組合」「立体農業」[14]「三愛精神」[15]の柱を全国農村へ広めようとした。この運動は、２つの世界大戦を挟んで中断したが、戦後、「三愛塾」[16]という形で姿をかえて復活し、現在に至っている。

　同時代に賀川と並びキリスト者として活動した内村鑑三（1861〜1930）が1911年に行った講演「デンマルク国の話」において農業を基盤とした学校の話をした内容が三愛精神のもととなっている。内村の思想は海をわたって韓国のキリスト者にも影響を与え、プルム学校設立の背景となっている[17]。

　こうした戦前の農民教育運動を前史として、戦後、この運動に関わった人材が各地で新しい教育の場を切り拓いていく。韓国のプルム学校と栃木県のアジア学院の事例はそのうちの一つであり、蒔かれた種が地域に根を下ろして農を軸とした学びの共同体として育っている事例であるといえる。

　プルム学校の実践は、わずか18名の高校生と２名の教師から始まった学校が、農の学びを軸にしつつ、学校共同体から地域共同体へ広がっていった事例である。学校内の共同体づくりの実践としてさまざまな組織（購買部や図書館、学内新聞等）を学生が教師とともに作り、卒業後地域に残った学生が、実際に消費者生活協同組合、信用組合、加工所、石鹸協同組合、女性農業人センター、図書館、出版社など学内の組織を発展させて設立させ、洪東面（村）の地域の中にさまざまな社会教育施設として運営を行っている。さらに、地

域全体が学校を中心とした「生態共同体」[18]となるような地域づくりを目指している。

一方、アジア学院の実践は、アジア・アフリカから集まった農村リーダーが研修生として約9カ月間、「共に働き、人間にとって最も大切な食べ物を作り、分かち合い、その活動を通じて人と自然と共に生きる生き方を追求する」ための学びを展開する。これをフードライフ（foodlife）を中心としたカリキュラムと呼んでいる。フードライフとは、食べもの（food）といのち（life）は切り離すことができないという創設者である高見敏弘の造語である。「共に生きる社会は人間同士が協力するだけでは到底達成できない。私たちを取り囲み、私たちのいのちを支える食べものを育む自然環境や生物の営みが破壊されては、人間が共に生きることは不可能である」という認識をもとに、共同体コミュニティを基盤にした共同生活全体を通じて学び合う。

プルム学校とアジア学院に共通するのは、人間のいのちと自然のいのちは切り離すことはできない、むしろ人間の生活、社会は生態系という環境の一部として成り立っているということと、人と自然の共生を成り立たせるためには、「その資源にふさわしい社会関係」（中村、1993）が必要不可欠である、すなわち共同体を構築していくことが重要であるという点である。プルム学校にしても、アジア学院にしても、そこに集まる人々はその地域の住民だけではない。農村地域の住民、都市部出身の者など、多様な背景を持つ人々が集う共同体である。

神田（2006）は、新たなコミュニティづくりは、「都市と農村の生活結合や地域民主主義という国民的課題からの農業や農村の教育的な価値の再評価の問題になっている」と述べている。磯辺（2000）は、「人々の生活は生産から分断され孤独になった。つまり『生産⇔生活』世界が成り立たなくなった。改めて、いま問われていることは、人々がお互いの会話を取り戻し、明るさを取り戻す都市と農村の再結合である」と述べ、都市と農村の分離の問題を「再結合」という「社会全体の構造的な変革」[19]の論理を用いて展望しようとしている。

第二部　持続可能で包容的な地域づくりへの実践

　1990年代以降、「住民自治による総合的な新しいコミュニティづくりの探求」（神田、2006）が行われ、地域の環境保全、持続可能な発展のために科学や技術の教育が積極的に行われていく。「このことは、農業や農村の可能性を日本社会全体の変革や新しい地域振興と地域民主主義との関係から大きな意味をもって」（神田、2006）おり、農業や農村の教育力といったものも同時に再評価されていくようになる。

6　おわりに

　以上、農・食・農村共同体に埋め込まれた学びを考察してきた。循環型地域社会づくりのプロセスへの示唆としては、農の学びの中には現代社会における人と自然、人と人との関係性において、政治、社会文化、経済の各面から再検討を促す批判的視点が内在していること、近代化やグローバリゼーションに対抗する価値を有していることがあげられる。「脱成長（新しい豊かさについてのビジョン）」を創造していく一つの手がかりがここにあるのではないだろうか。

注
（1）本稿では農という言葉を、田畑で作物をつくるという意味の農業だけではなく、農業本来の「地域の自然体系を上手に利用していく営み」とそれに関連する「農民の技や、生活・労働・接客が連続的に展開していく農民の営み」（内山、2006：36）と捉えて使用している。
（2）本稿で開発教育の活動事例として言及する際には、主としてNPO法人開発教育協会の活動を取り上げている。NPO法人開発教育協会は、「共に生きることのできる公正な地球社会づくりのための教育」を普及していくことを目的に1982年に設立された。
（3）開発教育教材「写真で学ぼう！「地球の食卓」学習プラン10」（開発教育協会、2010年）などがある。
（4）2009年から2010年にかけて、DEAR大阪（開発教育協会の大阪事務所）主催で実施された。「有機農業実践家・須藤登さんに学ぶ持続的な農業と環境 in 有田」（和歌山県）、「高山におけるコミュニティづくりとファシリテーターの

役割」(岐阜県)、「地域環境を活かした持続可能なまちづくり〜森・食・人」(京都府)。
(5) ウエブ「農林水産省ホームページ」http://www.maff.go.jp/j/kanbo/kihyo02/newblaw/panf.html (2013年11月25日最終確認)。
(6) 池田 (2002) は、開発教育教材が、「問題の内容を簡略化し、途上国一般における普遍的問題として扱うために、より浅い認識段階にとどまるという制約」を持つことを指摘し、「より的確な地域理解」と「価値観と態度の形成」の2つの視点をいかに組み込むかという課題を提起している。
(7) 具体的には2つの事例がある。ひとつは開発教育協会発行の『コーヒーカップの向こう側』(2005年) という教材の、コーヒー農民が受ける市場の国際価格の変動や天候による影響のシミュレーション教材を、北タイの村で作っているとうもろこしに置き換えて、なぜ同じとうもろこしを作っても収入が異なるのか、誰がお金を得ているのか、などを体験できるように改変した。もうひとつは、特定の教材ではなく、開発教育教材のシミュレーションの手法を用いつつ、村に伝わる寓話を使って村の中の権力構造、村同士の権力構造、国家、グローバル企業などの権力構造を理解する教材をISDEPが独自に作成し、実施した。
(8) 同様の試みを、同じく立教大学ESD研究センターのプロジェクトとして2010年度、2011年度に栃木県アジア学院において、世界20数カ国30名の研修生(農村リーダー)の研修カリキュラムの一部として実施。開発教育教材のコンテキスト化についての研修を行った。
(9) 「共に生きる「平民」を育てる学校:プルム学校と地域共同体」1958年に韓国忠清南道洪城郡洪東面に開校されたプルム高等公民学校の事例。現在は、プルム農業高等技術学校(プルム学校)。学校の設立趣旨には、「キリスト者、農村の守護者、そして世界市民＝平民を育てるため」と目的が書かれている。設立者である朱オク魯(シュオクノ)と李賛甲(イチャンガップ)は、間接的に内村鑑三の無教会主義の影響を非常に強く受けており、プルム学校の理念に引き継がれている。プルムとは、韓国語で「ふいご」のこと。
(10) アジア学院は、1973年に栃木県那須山麓に設立された、アジア・アフリカの農村指導者養成学校である。「ひとといのちを支える食べものを大切にする世界を作ろう―共に生きるために」をモットーに、農薬を使わない農業の実習や、多様な(宗派や国籍を超えた)共同体コミュニティづくりの実践を行っている。創設者の高見敏弘は、農民福音学校運動の流れをくむキリスト教農村文化研究所(現在は鶴川学院農村伝道神学校)に併設された東南アジア農村指導者養成所においてスタッフとして働き、これが分離独立してアジア学院となった。
(11) 農業の生産性向上を目的とし、穀物類の品種改良(収穫量を増やす目的で)や農業技術の革新(機械化、化学肥料の投入など)を導入した。1960年代か

ら発展途上国の食糧不足を解消するとして積極的に推進された。
(12) 田中治彦『学校外教育論』(学陽書房、1991年)。
(13) 北欧に広がる成人教育機関。公教育から独立した私立学校である。デンマーク国民の父と呼ばれるN. F. S. グルントヴィにより提唱された理念「人間同士の対話による相互の人格形成」を基盤としている。
(14) 立体農業とは、J・ラッセル・スミスのtree-cropsを賀川豊彦が翻訳したもの (J. Russel Smith, Tree-crops, 邦訳『立体農業の研究』賀川・内山俊雄訳、恒星社厚生閣、1933年)。日本を含めた傾斜地の多い土地で、それを利用し樹木栽培を行う農業。嗜好品としての果樹ではなく、主食的なもの、高カロリーを有するナッツ類(栗、くるみなど)が栽培された。
(15) 三愛とは、神、人、土地を愛すること。
(16) 1950年、北海道酪農学園短期大学初代学長の樋浦誠は、地主の子弟教育のために建てられた大学では一般の農民は学ぶ機会がないため、大学を農村青年のために開放した。これが三愛塾の始まりである。
(17) 内村は、「デンマルク国の話」の中で、「国の大なるはけっして誇るに足りません。(中略)外に拡がらんとするよりは内を開発すべき」と語り、プルムの「小さな学校」「小さい農業」を誇りとする考え方はここから由来している。
(18) 元校長の洪淳明は、農と生態系の原理に依拠した地域づくりを「生態共同体づくり」と呼んでいる。
(19) 「グローバル・大競争・市場原理という強者・資本の、弱者切り捨て・貧富格差の拡大の論理に対抗して、弱者・人間の『弱い個体性』が、市場と国家との中間領域＝公共空間に、『生活結合』という『柔らかい集団性』soft network systemの、主体的なセーフティネットを張ろうとしている。それを『新しい民主主義』に支えられた『新しい市民社会』の形成過程だといいたい。改めていえば、それが、都市・農村の共働で、都市社会には新しい『共』を創り、農村社会では『むら』をリフレッシュしていくことの意義である。」(磯辺俊彦『共の思想』日本経済評論社、2000年、268～288ページ)

引用・参考文献

阿部治「ESD(持続可能な開発のための教育)とは何か」(生方秀紀・神田房行・大森享著『ESDをつくる』ミネルヴァ書房、2010年)11ページ。
星寛治『有機農業の力』(創森社、2000年)。
星野正興『日本の農村社会とキリスト教』(日本キリスト教団出版局、2005年)。
池田恵子「開発教育教材にみる途上国像:「貧困の悪循環」という偏見とその克服」(静岡大学教育学部研究報告　教科教育学篇33、2002年)13～24ページ。
磯辺俊彦『共の思想』(日本経済評論社、2000年)27～28ページ、268～270ページ。
神田嘉延「地域における教育と農」(日本村落研究学会編『地域における教育と農』

農山漁村文化協会、2006年）12〜13ページ。
中村尚司『地域自立の経済学』（日本評論社、1993年）44ページ。
西川潤『グローバル化を超えて』（日本経済新聞出版社、2011年）17ページ。
立教大学ESD研究センター／持続可能開発教育促進研究所『グローバリゼーションと参加型学習：アクションリサーチ報告書』（立教大学ESD研究センター、2012年）。
佐藤郁哉『質的データ分析法』（新曜社、2008年）27ページ。
高見敏弘『土とともに生きる』（日本基督教団出版局、1996年）。
田中治彦『学校外教育論』（学陽書房、1991年）。
田中治彦・上條直美「参加型学習を通じた日・タイ研究交流事業」（開発教育協会『開発教育58号』、2011年）241〜257ページ。
内山節『農の営みから：「創造的である」ということ上』（農山漁村文化協会、2006年）
宇沢弘文・内橋克人『始まっている未来』（岩波書店、2009年）119〜147ページ。
山西優二・上條直美・近藤牧子編著『地域から描くこれからの開発教育』（新評論、2008年）。

第三部

グローカル・パートナーシップに向けて

第10章　私たちのグローカル公共空間をつくる
——開発教育の再政治化に向けて

北野　収

1　はじめに

　途上国への開発支援、国内の地域づくり、被災地の復興開発など、あらゆる「開発」行為に通底する目的は、人間社会の持続可能性の確保・創出・向上であろう。それは、一定の物質的豊かさが保証されることを前提として、平たく言えば、格差・暴力（直接的暴力と構造的暴力の両方）・環境破壊・人権侵害のない世の中をつくることに寄与する活動である。

　本来、社会的厚生の創出・分配に関する価値（あるいはイデオロギー）の選択は政治的行為である。開発計画を立て実践すること自体、何らかの価値を選択している。大規模なインフラ建設を伴う開発プロジェクト然り、村落レベルの住民の能力開発やコミュニティ・ビジネス然りである。この意味において、開発は価値中立的な営みではなく、政治的実践、政治的現象なのである[1]。しかし、応用科学、政策科学、技術論的なフィールド科学としての国際開発研究が盛んになればなるほど、細分化された技術論的アプローチ（経営学、経済学を含む）の側面が強く打ち出されようになる。これに呼応して、開発に関する学びとしての開発教育でも「脱政治化」されたコンテンツが大宗を占めるようになる[2]。

　本章の目的の第1は、開発教育が対象とする開発、とりわけ国際開発と呼ばれる領域が、ボランティア・ツーリズムの産業化に組み込まれること、政策科学の一部として専門化されること等を通じて、脱政治化されている状況を説明することである。第2は、南部メキシコの貧困地域で活動するパウロ・フレイレやイヴァン・イリイチの末裔らの取り組みから、地域実践活動に根

差した学びのネットワークと対抗的政治実践が営まれるグローカル公共空間の意義を確認することである。最後に、開発教育の再政治化をグローカル公共空間との関連から展望する。

2　開発教育の脱政治化の諸相

　開発教育の機会が増えることは、一面においては好ましいことではある。しかし、プログラムのレベルにおける「運用の仕方」や、国・社会のレベルにおける「制度設計のあり方」によっては、学習者の学びにおけるバイアスを増大させてしまう可能性がある。以下は、開発教育の脱政治化という視点からの問題提起である。

（1）ボランティア・ツーリズム隆盛の陰で

　開発教育における学びのメニューは多岐にわたるが、途上国の現地を直接訪問して、体験や見学をする学習の意義は多くが認めるところであろう。大学の長期休暇期間に途上国開発のフィールドに足を運ぶスタディツアーやワークボランティアに参加する若者は多い。特に、カンボジアに小学校を建設した日本人大学生サークルの物語である映画『僕たちは世界を変えることができない』（向井理主演、2011年）の影響は小さくないだろう[3]。実際、勤務先の大学1年生に「海外に行くとしたら、どこに行きたいか」と尋ねると、欧米以外では、ここ2～3年、「カンボジア」という返事が圧倒的に多い。ネットで調べてみても、実に多くの団体が、カンボジアを対象にしたスタディツアーやワークボランティアのプログラムを実施していることが分かる。長い目で見れば、このカンボジア・ブームも一過性の現象に過ぎないのかもしないが、何はともあれ、最近の若者は内向き志向が強いと言われる昨今において、途上国のフィールドに足を運ぶことに関心が高まっているとすれば、それは喜ばしいことである。

　現地でプロジェクトを実施しているNGOが自身のプロジェクトサイトを

第 10 章　私たちのグローカル公共空間をつくる

写真10-1　カンボジアでは日本からの寄付で建設された
井戸や学校を頻繁に見かける（コンポンチャム州）

ツアー先にする場合を除き、こうしたツアーに多く見られるのは、現地の農村部の家庭に数日〜2週間程度ホームスティをしながら、小学校で児童に日本語を教える、学校建設工事の手伝い（レンガ積み、ペンキ塗り等の比較的軽い労働）をする、孤児院を訪問し子どもたちと交流する等の「ボランティア」活動が組み込まれているパターンである。カンボジアの場合、ほぼ例外なく、これにアンコールワット（シュムリアップ）やトゥール・スレン虐殺犯罪博物館（プノンペン）の見学がセットになる。

　こうしたブームについて、「（農村開発ツアーの）6つのバイアス」の存在を指摘することはたやすい[4]。たとえば、カンボジア「ツアー」が訪問するサイトは、シュムリアップとプノンペンから比較的アクセスし易い地域にほぼ特化する（場所のバイアス）。実施時期は日本の大学の春休み・夏休みの期間に限定される（季節のバイアス）。さらには、なぜ、夏休み中に、現地の小学生が日本語を習う必要があるのか、外国人スティを受け入れる余裕がある世帯はもちろん農村の最貧困層ではなく、そうした世帯に定期的に何らかの報酬が支払われていることが、地域の中で中期的にどのような影響を持つのか、といった疑問を指摘することもたやすい。安易な単純化は慎まな

くてはならないが、ある意味、「産業化」されつつあるボランティア・ツーリズム隆盛の陰で、「消費される開発問題」(貧困・環境・子ども)という構図が見出される。

(2) アウトサイダー目線の固定化というジレンマ

チェンバースは途上国農村開発の現場で働く専門家らをアウトサイダーと分類し、認識上のバイアスから逃れることはできないと説いた[5]。開発教育における学習者は、先進国の住人であり、多くは近代的都市の住人である。したがって、開発問題を考える主体としての学習者は二重の意味でアウトサイダーなのである。学習者が、開発教育に関する学びを通じて、バイアスを克服することは、専門家以上に容易ではない。

カンボジアでのスタディツアーにおける学びをサーベイした調査によれば、得られた「気づき」「学び」として、「自分の目で見て、体で感じる学びの意義」「出会いの素晴らしさ」「現地の人から学ぶ姿勢の大切さ」「経験を伝えて行くことの必要性」「お金に係る葛藤」[6]の5つが指摘されている[7]。スタディツアーにおける学びの質は、現地でのプログラム内容だけでなく、事前・事後学習の量(頻度)と質(内容・程度)にも影響される。事前・事後学習が十分でない、あるいは、習俗・文化に重きがおかれた場合、「気づき」「学び」の主たる部分が異文化交流体験や「物質的に貧しい他者」「支援対象としての他者」への共感・同情に留まる傾向が出てくる可能性を指摘しておきたい[8]。

もう1つ例を紹介しよう。筆者は2009年度から、勤務先の大学(外国語学部)において、英語文献を教材にしたフェアトレードの授業を担当している。受講生が30名に限定されているため、教室内のディスカッションや参加型ワークショップの手法を用いて、流通論・貿易論としてのフェアトレードだけでなく、それを手掛かりとして、先進国の都会に住む私たちの意識や生活(購買行動)と途上国や日本国内の農村の生産の現場の関係、実際の農業・農村開発の内容、内発的地域発展の意義などを理解することも重視している。し

第10章 私たちのグローカル公共空間をつくる

たがって、日本を含む先進国における地産地消や産消提携などの話題も意識的に織り交ぜながら授業を行っている。にもかかわらず、筆者の目下のジレンマは、学生の意識の中にある国境という問題である。ここでいう国境問題には次の２つが含まれる。１つ目は、支援の対象としての「他者」（途上国の農民や労働者）という硬直化した「まなざし」の固定化であり、自分たちの消費行動や生活と関連づけて考えることの困難性である。２つ目は、開発政治というコロニアルな構造の普遍性（途上国内、南北間、先進国内のいずれにも見出される支配＝従属的構造）、たとえば、途上国における外部資本・国家権力等による土地収奪の問題と日本における原発立地や沖縄の基地問題に通低する何かを感じてもらうことの難しさである[9]。

　現地体験や教室での授業という「開発教育」を通じて、学習者が開発問題における自分たちの当事者性を意識するようになることは容易なことではない。これは開発の脱政治化の一局面であり、結果でもある。

（3）高等教育機関における開発（関連）教育の変貌[10]

　開発教育のカテゴリーに大学、大学院というフォーマルな高等教育を含めることは一般的ではないかもしれないが、学生にとって、いわゆるノンフォーマル教育としての開発教育以上に、大学での授業科目は身近な学びの機会である。経済学や国際（関係）学を筆頭とする社会科学系学部・学科の学生にとっては、「国際開発論」「国際協力論」といった科目はもはや定番科目といってよいだろう。

　周知のとおり、1990年代以降、大学を巡る規制緩和や一連の「改革」が進展する中で、大学における知の生産の様相は大きな変貌を遂げた。それまで、法学部、経済学部、あるいは文学部（文化人類学など）、外国語学部（地域研究など）などのディシプリンに対応した従来型の学部学科において営まれてきた知の生産が、学際化、実学化（産官学連携）という流れを受けて、「政策としての国際協力の推進」という旗の下に統合再編された。

　研究面では、特に2000年代以降、国家戦略的な視点から研究の国際競争力

第三部　グローカル・パートナーシップに向けて

の向上を掲げる21世紀COEプログラム、グローバルCOEプログラムなどの研究資金提供の方式が導入されたことも大きな意味を持つ。いずれも文部科学省による競争的な大型補助金であり、採択状況は東大、京大をはじめとする旧帝大と東工大に、私学では慶大、早大の有力大学に集中している。その一方で、18歳人口の減少等に伴い、地方国立大や中堅以下の私学をとりまく潮流は、研究よりも学部教育へ、さらには就職予備校化へと確実にシフトしつつある。以上のことから、大学教員の業績主義の強化・徹底とあいまって、研究機関としての大学間の役割分担、序列化が徹底されつつある。

　故大来佐武郎らの努力と官学の協力によって国際開発学会が発足したのは1990年であった。その後、国立大学に国際開発、国際協力に特化した教育研究を行う独立大学院が相次いで設立された。類似のコンセプトに基づく私学の大学院でも国際開発、国際協力は重要分野となった。産官学連携が叫ばれるなか、教授陣も政府機関や国際機関のOBが大きな割合を占めるようになった。開発政策に直結するあるいは応用可能な政策科学としての「国際開発学」「国際協力論」が高等教育機関において確固たる領域として確立されてきた。

　上記に関して、以下のような懸念が提起される。第1は、様々な開発問題にまつわる知の生産に「国際開発・国際協力＝政策」言説というフィルターが不可避的に設けられてしまう可能性である。第2は、批判的知性・研究という領域が展開・継承される余地が大幅に縮小されたことである。実践的、実用的研究の重要性は理解できても、知の生産空間におけるバランス・多様性の観点から、これは好ましいことではない[11]。こうした地殻変動は学部教育に直結する。政策論的視点のテンプレート化と批判的視点の排除は、程度の問題はあるにせよ、不可避的に国家・国益目線、近代化・開発目線の普遍化として浸透する（マクロレベル、メタレベルでの脱政治化）。やがてこれが、社会全体の認識論的バイアスの再編へと還元される可能性がある。

3　今再びフレイレ、イリイチに学ぶ

　前節でみたように、ノンフォーマルな学び、フォーマルな教育機関での学びのいずれにおいても、学ぶ者にとって、バイアスを克服し、「自分の生活実感から切り離された地球の裏側の国々や人々の問題」という認識から一歩踏み出すことは容易ではない。その克服のために必要なことは何か。このことを考えるために、今一度、参照すべきは、20世紀後半のラテンアメリカを舞台に近代教育批判を展開した2人の知の巨人、パウロ・フレイレ（Paulo Freire, 1921-1997）、イヴァン・イリイチ（Ivan Illich, 1926-2002）である。

（1）開発教育におけるフレイレとイリイチの意義

　開発教育の第一義的な定義が「南北問題の解決をめざす、南北問題を中心に置いた国際理解教育」[12]だとすれば、途上国に住む「物質的に貧しい他者」「支援対象としての他者」のことを知るだけでは不十分である。フレイレはいう。「もし他人もまた考えるのでなければ、ほんとうに私が考えているとはいえない。端的にいえば、私は他人をとおしてしか考えることができないし、他人に向かって、そして他人なしには思考することができないのだ」[13]。ここで指摘される関係性の意味を鑑みれば、開発教育における学習者が日常の生活実践における自らの態度や意識を点検するという視点が要請される。すなわち、「先進国に住み過剰に開発された社会において、豊かさを独占してきた北の人々にも、別の意味で「適正な開発」に近づけるための開発教育が必要」[14]なのである。

　近代文明が内在する人間の抑圧を批判したフレイレとイリイチだが、前者は、人間の内面にある価値観の他律化（抑圧主体の価値観を無批判に受容すること）を問題とし、学習者の意識変革と主体形成を目的としたエンパワーメントの教育学ともいえる教育観を希求した。後者は、教育や医療など産業社会の制度化による人間支配と共愉的（コンヴィヴィアル）な公共空間の喪

失を問題とし、学ぶことを専門家集団やフォーマルな制度による独占から解放し（脱学校化）、地域における自律的な学び合いの場である学習ネットワークを提案した[15]。両者に共通するのは、個人として、あるいは、地域において、学ぶことを「再政治化」することである。実際の開発（地域づくり）の実践を通じた地域におけるこのような学びの空間の形成と広がりを筆者は「グローカル公共空間」として紹介した[16]。

以下、北米自由貿易協定（NAFTA）などの新自由主義的政策により、経済的格差が拡大するメキシコにおいて、政治的、社会的にも周辺化を余儀なくされたメキシコ南部の先住民族や農民の間に、1990年代から広まりつつあるグローカル公共空間の事例を紹介し、私たちの開発教育への教訓を考えてみたい。

（2）フェアトレードとコーヒー農民の主体形成

南米チリ在住中に、解放の神学とフレイレに出会い、その影響を強く受けたオランダ人カトリック司祭は1980年頃にメキシコ南部オアハカ州の山岳地帯に亡命し、先住民族コーヒー農民との数年間の共同作業を経て、農民の自主管理によるコーヒー協同組合（イズモ地域先住民族共同体組合：UCIRI）を1982/83年に設立した。

当時、農民の経済的困窮は深刻な状態であったが、農民自身がその問題の改善に主体的に取り組める状態ではなかった。理由の第1は、地元に幅を利かせているコヨーテと呼ばれる前期的仲買人の存在であった。第2は、先住民への賤視・差別という歴史文化的要因もさることながら、ブラジル等の大生産国の作況やニューヨーク先物取引市場の相場によって価格が決定され、その価格自体が例年きわめて不安定というグローバルな市場構造である。コヨーテは警察権力や行政とも癒着しており、事実上、言い値で農民からコーヒー豆を買い上げていた。まさに、フレイレのいう「非人間化」された被抑圧状態にあった農民と司祭の「学び」はコーヒー豆の販路や価格形成について実態を知ることから始まった。そして、利権を守ろうとするコヨーテらの

第 10 章　私たちのグローカル公共空間をつくる

写真10-2　コーヒー小農の暮らし
（ミヘ民族）

写真10-3　UCIRI本部遠景
（ラチビザ村）

激しい嫌がらせに合いながらも、自己防衛と販路の自律化のために、協同組合を設立したのである。次に、グローバルな構造に対しては、オランダのNGOと提携し、公正で適正な買い上げ価格を長期に渡って保証してもらうことを取り決め、この手続きを経て輸出されている豆であることを認証ラベルによってアピールする仕組みが1988年に作られた[17]。これが、現在の国際フェアトレード認証制度に発展するのである。オランダのNGOの職員に対し、コーヒー農民が「援助は要りません、私たちは乞食ではありません」と言ったのは有名な話である[18]。同組合には、約50コミュニティ、約3,500世帯が加盟、農民学校、食品加工場、医療施設などを有し、地域におけるコーヒー経済の一大拠点となっている[19]。

　フレイレは識字教育を通じて非抑圧者の人間化＝主体形成を図った。その薫陶を受けたオランダ人司祭は先住民コーヒー農民との共同作業を通じて、自分たちをとりまく政治経済状況を「知ること」から主体形成と農業経営の自律化を図った。鈴木敏正によれば、「主体としての人間」とは、「歴史的に実在する社会的諸関係を「省察と行動」を通じて捉え直し、みずからを創造し、再創造、決定すること」であるという[20]。グローバル資本主義のなかで「周辺化」された人々が、フレイレ流の「学び」を通じて、新しい開発実践の創造（国際フェアトレード運動）を見出した好例であるといえよう。

第三部　グローカル・パートナーシップに向けて

写真10-4　大地大学とCEDIのロゴ　　写真10-5　施設内の様子

（3）学習ネットワークと地域づくり人材の育成

　イリイチは、かつて各地に存在したつつましくも共愉的な地域固有な「住民的公共性」[21]が、希少性の原理に依拠する産業社会のなかで解体され、共同体から切り離された人間個人が社会のなかで疎外されていくことに警鐘を発した。これに対抗するオルタナティブとして学習ネットワークの重要性を説いた。それは、「学習することと他人の学習に貢献することによって、一人ひとりが自己を明確にすることができる関連構造」であり、「学習者がみずからの管理下において自立的に学習の資金と人材を集めることができるようなネットワーク」である[22]。

　メキシコ・オアハカ州で、イリイチと長年にわたり交流を続けてきたメキシコ人活動家によって1999年に設立されたローカルNGO「大地大学」（または「地球大学」：Universidad de la Tierra　以下、大学）および州内に散在するその提携団体は、学習ネットワークの思想を現代の南部メキシコの文脈において具現化したものといえる。

　大学が念頭においているのは、アカデミックな人材育成でも、企業社会に貢献できる人材の育成でもない。地域の可能性を探り、人々に学び、人々を啓蒙することを通じて、地域に貢献できる人材の育成・支援である。先住民族や農村出身の若者が学ぶ場である大学には、定型的なカリキュラムは存在

第10章　私たちのグローカル公共空間をつくる

しない。教授もいない。定期試験もない。個々の学生がスタッフのアドバイスを受けながら学習計画（半年〜3年）を組み立てていく。学習の核となる活動は2つに大別できる、まず、レクチャー・サークルと呼ばれる大学のなかでのスタッフのファシリテーションの下で進められる文献輪読、議論、対話である。次に、各人が実際のコミュニティでの活動を通じて仕上げるフィールド研究プロジェクトである。自分の地元のコミュニティが直面する土地問題に取り組むための法律の勉強、先住民族の生活文化のよさを地元に人に再発見してもらうための映像作品の制作など、プロジェクトは学生の問題意識とコミュニティをつなぐものである。大学はパソコン機材や基礎的な文献などの教材を提供し、ネットワークを通じて、外部の団体やコミュニティが有する学習資源を学生に提供する[23]。これは、イリイチがいうところの優れた教育組織の要件、すなわち、「①誰でもが、学習しようとするならばいつでも、必要な手段が利用できる。②互いに自分が知っていることを分かち合い、学びたい知識をもっている他の人々をみつけることができる。③公衆に問題提起をしようとするすべての人々に、そのための機会を与えてやることができる」に極めて近いものである[24]。

　大学に併設されている異文化出会い・対話センター（CEDI）では、海外の研究者や学生の受け入れ・便宜供与、共同研究を行うほか、ニューヨーク州立大学（SUNY）の海外研修を受託している。CEDIにおけるスペイン語クラスとフィールド研究（先住民族コミュニティに滞在）に対してSUNYの単位認定がなされる。このフィールド滞在のねらいは、物質的な後進性を確認することではなく、むしろ、先住民族社会や文化の豊かさ、共愉性、価値観の多様性（先進国や欧米社会とは異なる価値観の存在）などを体験を通じて理解させることである。

　各地の卒業生、協力者、協力団体（ローカルNGO、市民団体）、海外の研究者とのつながりは財産である。大学は地域づくりに関する学びと開発実践のネットワークにおけるハブであり、イリイチの言葉である「テレフォンシステム（水平的で互恵的な分散型ネットワークの意味）」の結節点の1つと

いえる。

(4) グローカル公共空間へ

現代におけるフレイレ、イリイチ思想の末裔による開発実践と学びはまぎれもなく政治的行為である。本章冒頭で述べたとおり、開発実践には価値選択が不可避的に含まれる。ここで選び取られた価値とは、個人の利益最大化を暗黙の前提とするリバタリアニズム、経済原理主義＝新自由主義とは全く異質なものであることはいうまでもない。むしろ、社会の持続可能性、地域の自律的発展、地域住民の主体性を強く指向する価値である（いわゆる内発的発展論に親和的）。ここに、学ぶことの再政治化に関する具体的なイメージと開発教育への示唆を求めることができる。端的にいえば、開発介入する側の目線では決して見えない何かを伺い知ることができる。このような開発実践と学びのネットワークが展開される場所・領域こそが、公的領域（公共圏）、すなわち、グローカル公共空間なのである。

4 二つの開発と国際開発政治の新潮流

図10-1は、持続可能な開発の三要素ともいえる環境、経済、社会の諸概念の関係、重なり具合を示したものである。左（かつて）の図は、最初に自然環境が存在し、そこにおける人間生活の営みから地域固有の歴史風土が形成されたことを示している。本来、人間社会は環境の多様性に規定された多様で地域固有な存在であった。その社会に埋め込まれる形で地域経済の営みが展開されていた。右（現在）の図では、地球全体にグローバル経済が展開され、効率・合理性に基づく競争原理が支配的原理となっている。人間社会はグローバル経済のなかで存在することを余儀なくされる。そこでは、人間社会や文化の多様性は著しく減少し、画一化が進むことになる。自然環境は経済的価値に照らし合わせて、開発されるか、残される（たとえば、観光資源として）かの選択がなされる。3つの円の重なりが、環境＞社会＞経済か

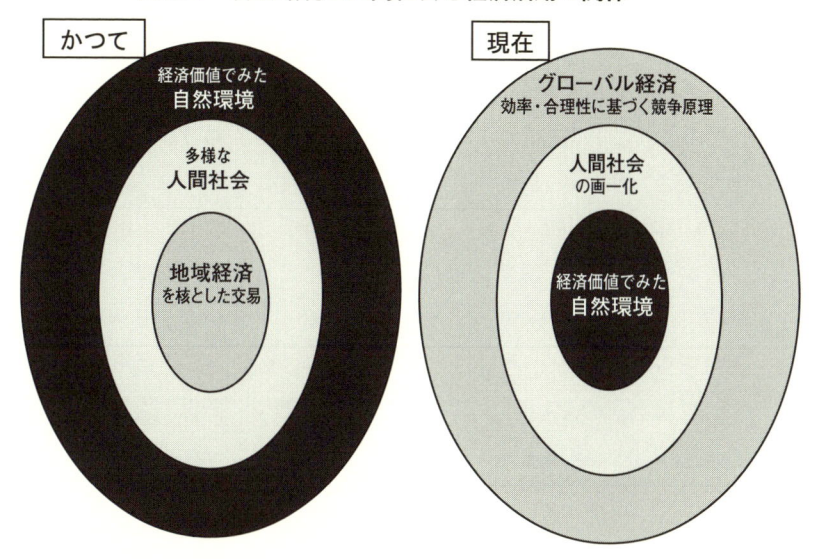

第10章　私たちのグローカル公共空間をつくる

図10-1　自然環境と人間社会と経済活動の関係

かつて
- 経済価値でみた**自然環境**
- 多様な**人間社会**
- **地域経済**を核とした交易

現在
- **グローバル経済** 効率・合理性に基づく競争原理
- **人間社会**の画一化
- 経済価値でみた**自然環境**

ら、経済＞社会＞環境へと移行したのである。いつ、どのようにしてこの3つの円の重なりの順序が入れ替わったのか。この移行のプロセスは近代化であり、狭義の開発として理解することができる。安易な単純化はできないが、主に、この変化の原動力は工業化を通じた経済生産の増加であり、変化の推進主体は国家および大企業ということになる。そこで、人間社会の持続可能性が問われることはほとんどない。

　これとは異なる開発の概念も存在する。人間中心の開発ビジョンである。これについては、本シリーズ既刊[25]で詳述されているので、説明は割愛するが、たとえば、「豊かさ・貧しさに伴う、内発的発展論、社会的経済論、人間開発論といった一連の理論にみられるパラダイム転換には、現代世界の持つ人間（人権）抑圧構造、貧困創出構造を見据え、そこからの脱出、貧困解消、豊かさの創出を目指してきた思想的な潮流がある」[26]。また、第二次大戦後の国際開発政治というレジームのなかで変遷してきた開発アプローチも、1960年代までの「物的資本による経済開発」から、1970年代のベーシ

ック・ヒューマン・ニーズ・アプローチを経て、1990年代の持続可能な開発、人間開発アプローチ、エンパワーメント・アプローチ、さらには2000年代の人間の安全保障など、次第に、人間、および文化やコミュニティを意識したアプローチが重視されるようになってきた[27]。

　後者のこのような開発観は、開発研究者の一部、とりわけ、開発教育や環境教育の関係者、NGO・NPOの間で、既に広く共有されている。2003年に改正されたODA大綱においても「人間の安全保障」が踏まえるべき視点として示された[28]。だが、開発支援の実際の運用に目を向ければ、それが全てではないにせよ、こうした開発観とは相容れない、ナショナリズムと国益論議に裏打ちされた「新しい潮流」が確実に進行していることも事実である[29]。実は、改正ODA大綱は「我が国の安全と繁栄の確保」を目的として掲げ、「国益」確保を事実上明文化した。この背景には、新興ドナー国として台頭著しい中国の存在、特にアフリカで展開される中国式資源外交（いわゆる「北京コンセンサス」）の影響があるだろう[30]。

　一方に、経済的関心に基づく資源争奪の高まり、ODA大綱改正後にきわめて明確な形で発現しつつある「国益」主義という現実がある。他方で、これらに対して、疑問を持たせない形での「国際開発」教育という現実もある。これが、現在進行形の脱政治化の現状ではないだろうか。

5　環境教育と開発教育の実践的統一 ── その可能性と展望

　再度、上記図10-1に立ち戻って開発教育と環境教育の関係について考えてみたい。図が示すように、環境、社会、経済の3者は相互に重なり合っており、私たち人間およびその生活はこの重なりのなかで存在することを余儀なくされていることは自明である。環境について知ることも、経済について知ることも、社会について知ることも、他の2つの要素に対する理解抜きには成立しない。同時に、この「重なり」の中に埋め込まれて存在せざるを得ない私たちが当事者的態度を保持しながら実践活動に基づき主体的に学ぶこ

第10章　私たちのグローカル公共空間をつくる

となしには、環境教育にせよ、開発教育にせよ、脱政治化の問題から逃れることはできない。

　ESDをはじめとする開発教育の理念潮流と国際開発政治の実態の大いなる乖離という危機的かつ矛盾に満ちた構造のなかで、一体、開発教育に何ができるのか。私たちは今一度このことをしっかりと考えなくてはならない。かつて、アメリカの社会学者ライト・ミルズは「社会学的想像力」という概念を提唱した。ミルズがいうように、人間1人1人が大きな歴史や社会の中に存在し、ミクロ事象とマクロのそれが相互に関連する有り様を「想像」することなくしては、学問（ここでは社会学）は、脱政治化された技術主義的分析の集合体、あるいは、現実・現場の実態に無関係に存在する「誇大理論」の生産に与するだけになるかもしれない[31]。

　今、「開発教育的想像力」が問われている。阿部治によれば、ESDとは「2つのソウゾウリョク」を育むものだという。それは、（人と人、人と社会、人と自然のそれぞれに関して）持続可能な新しいつながりのあり方を「想像」し、それに基づき新しい社会を「創造」するということである[32]。現実の国際開発政治が内包する負の面もしっかりと見つめ、同時に、「北」と「南」、国内問題と外国の問題というような「国境」を超えたグローカルな学びと問題解決実践が必要となってきている。これは、グローカル公共空間を政治的実践として、私たちの学びの現場でいかに創造・共有していくか、ということでもある。実は、フォーマル、ノンフォーマル、インフォーマル教育の別を問わず、グローカル公共空間をつくるための仕掛けは、工夫次第で様々に展開できる可能性を秘めている[33]。具体的実践例は本シリーズの既刊各書で紹介されているので、合わせて参照していただきたい。

6　おわりに

　以上、本章においては、具体例を示しながら、開発教育をとりまく根本問題として、脱政治化という問題提起を行った。次に、脱政治化への対案、す

なわち、再政治化の具体的な例として、メキシコ南部の低開発地域における地域に根ざした開発実践およびそれに関連する学びについて紹介をした。グローカル公共空間は開発教育・ESDに関わる様々な人々の人的つながりのウェッブであり、イリイチの学習ネットワークの現代版ともいえる。その形成は、人間社会（地域レベル〜究極的には地球レベル）を下から逆規定する対抗的政治実践の苗床を作ることを意味するのである。

　日本国内で展開される様々な開発教育あるいはESDの実践に参加する学習者、特に、青少年が脱政治化をめぐるメタ政治構造に自覚的であることを想定するのは非現実的であろう。しかし、少なくとも、開発教育や環境教育に関する実践の立案や実施に携わる者はこうしたことに少しでも自覚的でありたい[34]。

注
（1）北野収『国際協力の誕生』（創成社、2011年）。
（2）類似の構図は至るところでみられる。たとえば、「絆」という言葉の下で、（福島以外の）被災地への国民参加が高らかに叫ばれる一方で、福島原発被災地の被害状況の一般メディアからの捨象は、本来人災でもあった震災被害の脱政治化の最たるものであろう。
（3）筆者のゼミナールには、同映画のモデルとなった学生団体の部員が複数いた。筆者の知る限りでは、学生によるファンドレイジングやツアープランニングなど、学生として真摯な意識をもって活動に取り組んでいたといえる。こうした活動は常に試行錯誤を伴う。当然のことながら、意思決定や意識の面で、問題がなかった訳ではない。
（4）6つのバイアスとは、場所、プロジェクトの有無、接触相手、季節、儀礼、専門分野である。ロバート・チェンバース『第三世界の農村開発』（明石書店、1995年）。
（5）チェンバース、同上。
（6）子どもの物乞いに遭遇した時の葛藤など。
（7）2005年〜2007年にかけてJICAカンボジア事務所が受け入れを行ったNGO等によるスタディツアーの報告書、感想文のレビュー（100団体超、参加者1,000名弱）。高橋優子「スタディツアーの教育的意義と課題—JICAカンボジア事務所での経験に基づいて—」（『筑波学院大学紀要第3集』2008年）149〜158ページ。
（8）スタディツアーや海外ボランティア（カンボジア、フィリピン、タイ、マレ

第10章　私たちのグローカル公共空間をつくる

ーシア、インド、ネパール、タンザニア、ケニア、モザンビークなど）に参加した筆者の教え子、および、上記学生団体でスタディツアーを企画・実施（事後アンケートを含む）した部員らとの詳細な対話や卒論指導経験に基づく。
（9）もちろん、授業運営、専門知識面における筆者の力量という根本的問題や外国語学部という別次元でのバイアスもある（国際問題、海外の事柄に関心がある学生が多い）。
（10）本節は、拙稿「「国際協力」誕生の背景とその意味」（藤岡美恵子・越田清和・中野憲志編『脱「国際協力」―開発と平和構築を超えて』新評論、2011年）をベースにしており、一部に段落単位の引用を含んでいる。
（11）たとえば、1980～1990年代にODAによる環境破壊や人権問題などで活躍した第一線級の研究者は世代交代の時期にさしかかっているが、一連の「改革」や大学間競争の激化のなかで、こうした批判系研究の後継者の再生産・育成の場は「業界」内で著しく周辺化された。
（12）西岡尚也『子どもたちへの開発教育』（ナカニシヤ出版、2007年）130ページ。
（13）里見実『パウロ・フレイレ「被抑圧者の教育学」を読む』（太郎次郎社エディタス、2010年）30ページ。里見実訳『希望の教育学』からの再引用。
（14）西岡前掲書、129ページ。
（15）鈴木敏正『持続可能で包容的な社会のために』（北樹出版、2012年）155～184ページ。
（16）北野収『南部メキシコの内発的発展とNGO』（勁草書房、2008年）。
（17）ニコ・ローツェン、フランツ・ヴァン・デル・ホフ『フェアトレードの冒険』（日経BP社、2007年）。
（18）北野前掲書、99ページ。
（19）筆者が取材をした2004年当時。
（20）鈴木前掲書、162ページ。
（21）鈴木前掲書、166ページ。
（22）鈴木前掲書、176ページ。
（23）北野前掲書（特に第4章）。
（24）鈴木前掲書、176ページ。
（25）佐藤真久・阿部治編『持続可能な社会のための環境教育シリーズ［4］ESD入門』（筑波書房、2012年）。
（26）西川潤『人間のための経済学』（岩波書店、2000年）。吉川まみ「開発と教育の歴史とESD」佐藤真久・阿部治編『ESD入門』（筑波書房、2012年）216ページからの再引用。
（27）吉川前掲論文。
（28）吉川前掲論文、204ページ。
（29）ここでのキーワードは「対米協調」と「資源確保」ということになろう。前

第三部　グローカル・パートナーシップに向けて

者の例として、パレスチナで展開される「平和と繁栄の回廊」構想に基づく各種プロジェクトがあげられる（役重善洋「イスラエル占領化の「開発援助」は公正な平和に貢献するか？」（藤岡美恵子ほか編『脱「国際協力」』新評論、2011年））。後者の例として、日本、ブラジルの協力によってモザンビークで実施される輸出用作物生産のための大規模農業開発プロジェクト（プロサバンナ計画）があげられる。同計画は小農民からの事実上の「土地収奪」だとして疑問視する声も少なくない（高橋清貴「モザンビーク・プロサバンナ事業とは何か？」『Trial & Error』No.300、渡辺直子「農民に向き合えない農業支援とは」『Trial & Error』No.301（日本国際ボランティアセンター、2013年）、船田クラーセンさやか「アフリカの今と日本の私たち」（『神奈川大学評論』76、2013年）、同「モザンビーク・プロサバンナ事業の批判的検討」（大林稔ほか編『新生アフリカの内発的発展』昭和堂、2014年））。ここに、国（家）益＞人間の安全保障という構図を見ることはたやすい。

(30) 勝俣誠『新・現代アフリカ入門』（岩波書店、2013年）。

(31) ライト・ミルズ『社会学的想像力』（紀伊國屋書店、1965年）。

(32) 阿部治「持続可能な開発のための教育（ESD）とは何か」佐藤・阿部編前掲書、12ページ。

(33) 筆者の勤務校におけるゼミでの取組みも、大学というフォーマルな学びの場におけるグローカル公共空間創造の試みの１つである。要点は、①ボランティア等学生個人の国内外での「エクスポージャー」体験、②ゼミ活動としての国内「エクスポージャー」体験（過疎地域や都市貧困地域などで実施する夏合宿等）、③開発関連基礎文献の輪読と討論、④以上を通じた「学びのコミュニティ」づくり、⑤教員との継続的な対話を通じて、それらを統合し、個人の学びの集大成としての卒業論文作成（エンパワーメントのための卒論）である。この実践は、上述の大地大学とフレイレの「対話」のコンセプトに着想を得たものである。詳細は、北野収編『共生時代の地域づくり論』（農林統計出版、2008年）、関西地区FD連絡協議会・京都大学高等教育研究開発推進センター編『思考し表現する学生を育てるライティング指導のヒント』8章（ミネルヴァ書房、2013年）、ゼミホームページ・ブログ（https://sites.google.com/site/kitanozemidokkyo/home）を参照されたい。

(34) この意味において、地域市民や地球市民としてリテラシーを育む環境教育と開発教育は、少なくとも先進国においては、シチズンシップ教育との親和性が意識されるべき領域とも考えられる。

第11章　持続可能な社会構築における教育の役割
―― "市民の形成" に向けた社会運動体としての
　　グローバル・ネットワークへ

湯本　浩之

1　はじめに

　本書の第一部および第二部で論じられてきたように、国連・持続可能な開発のための教育の10年（以下、「国連ESDの10年」）の開始を機に、環境教育と開発教育は従来の研究実践上の立場や枠組みを乗り越え、その教育論的接近や方法論的共有を模索してきた。また、両者が取り組むべき共通課題の検討も試みられてきた。その中でも、持続可能な社会構築に向けた環境教育と開発教育との実践的統一を本書は提起しようとしている。それが実現するとすれば、その両者の統一体が果たそうとする役割とはいったい何だろうか。その役割を果たすためには今後何が必要とされ、既存の環境教育と開発教育には何が求められるのだろうか。

　本章では紙幅の許す限り、こうした疑問に応答してみたいが、まずは次の第２節で、持続可能な社会を構築する上での基本要件を改めて確認し、その要件を満たすための教育の役割について若干の考察を試みたい。第３節では、持続可能な社会構築に向けた教育の実践事例として、現在のNPO法人開発教育協会（以下、DEAR）[1]の取り組みをネットワーク論の観点から検討して、その成果や課題をいくつか抽出する。続く第４節では、環境教育と開発教育の実践的統一の可能性と展望について、ネットワークをキーワードに検討し、第５節で、グローバル・ネットワークの今日的意味を提示してみたい。

2　持続可能な社会構築の基本要件と教育の役割

（1）持続可能な社会構築のための基本要件としての持続可能性

　持続可能な開発や持続可能な社会については、1972年開催の「国連人間環境会議」以来、多様な議論が展開されてきた。たとえば、「環境と開発に関する世界委員会」（1987）は世代内公正と世代間公正という鍵概念を用いて、これを「将来の世代の欲求を充たしつつ、現在の世代の欲求も満足させるような開発」と定義した。さらに、2002年の「国連持続可能な開発に関する世界首脳会議」では、その「実施計画」の中で、経済開発、社会開発、そして環境保全の3つが持続可能な開発の構成要素であると説明されている（「エネルギーと環境」編集部、2003）。いずれにせよ、これらの概念や要素の根底にあるのは持続可能性（sustainability）である。換言すれば、今後構築されるべき"持続可能な社会"とは、環境・経済・社会の各領域の中での持続可能性をその基本要件として維持発展させていく社会であるというのが、現時点での国際的な共通認識だと言えよう。

　こうした国際世論を受けて、日本では1993年に環境基本法が成立し、翌1994年には第一次環境基本計画が策定された。さらに2000年の第二次環境基本計画（環境省、2001）では、「持続可能な社会の構築」に関する基本的な方針と具体的な施策が打ち出され、これらは第四次となる現在の基本計画にも発展的に継承されている。このように「持続可能な社会の構築」を基本理念とする日本の環境政策は、70年代からの国際世論を反映しつつも、一貫して環境的持続可能性を重視する姿勢を見せてきた。その反面、同法や同計画に、政治や経済、文化や人権などに関わる観点や領域は十分に反映されているとは言い難い。"環境"政策とは言え、それらが持続可能な社会構築を理念とする以上、政治的・経済的・社会的な持続可能性は、いずれも不可欠な基本要件であり、これらも十全に反映することが今後は強く望まれよう。

（2）教育論における持続可能性

　前項で確認した"持続可能性"について、近年の教育論はどのように論じてきただろうか。次の3つの文書からそれぞれの要点を改めて確認したい。

　最初の文書は、1997年に開催された「環境と社会に関する国際会議」で採択された「テサロニキ宣言」である。この「宣言」では、「持続可能性の概念は単に環境だけではなく、貧困、人口、健康、食料の確保、民主主義、人権や平和を全て包含する」と説明した上で、環境教育を「環境と持続可能性のための教育ということもできる」としている（千葉、1998：113）。ここで着目すべきは、前項で持続可能な社会構築の基本要件とした政治的・経済的・社会的持続可能性の具体的内容が明確に例示されていることである。

　2つ目の文書は、テサロニキ会議と同年に開催された第5回「国際成人教育会議」で採択された「成人学習に関するハンブルグ宣言」である。この宣言は冒頭で「人権の最大限の尊重を基礎にした、人間中心の開発ならびに参加型の社会のみが、持続可能かつ公正な発展をもたらしうること」[(2)]を確認している。その上で、成人学習は「生態学的に持続可能な開発を育み、民主主義と公正、ジェンダー平等、そして科学や社会や経済の発展を促し、そして、暴力的な紛争が正義と対話に基づいた平和の文化に取って代わる世界を創り出していく上での強力な基本理念となる」と謳っている。この「宣言」からは、ひとりの人間が一生涯にわたって学び続けていくことが、持続可能な社会構築にとって必要不可欠であることが読み取れる。すなわち、持続可能な社会の構築は、生涯学習社会の構築をも示唆していると言えよう。

　そして、3つ目の文書は、2007年に欧州連合（EU）をはじめ、欧州の自治体やNGOの協議体が共同で公表した「欧州開発コンセンサス：開発教育と意識喚起の貢献」という政策文書である。この文書は、欧州における開発教育の理念や目的、原則や課題などを集約した上で、「貧困撲滅と持続可能な開発」という理念を掲げ、その実現に向けて、「経済」、「社会・文化」、「自然」、そして「政治」という4つの分野に関わる問題解決の方策を提示して

いる。そして、「地球規模の開発問題が地域や個人とも関連していることを意識し理解する機会、そして、変わりゆく相互依存社会の住民として、自らの権利や責任を実行に移して、公正で持続可能な社会に必要な変化を起こしていく機会に、欧州のすべての人々が生涯にわたってアクセスできるようにすること」が開発教育の目的であるとしている（湯本、2010）。

（3）持続可能な社会構築に向けた教育の役割

　上記のように、近年の環境教育、成人教育、開発教育を象徴する文書のいずれもが持続可能性や持続可能な開発を強く意識している。そして、持続可能な社会構築に向けては、経済、社会・文化、環境・自然に加えて、政治に関わる持続可能性を維持発展させていくことも今後の重要課題となることを強調しておきたい。なぜなら、生物多様性や文化多様性を喪失しない範囲内で定常的な経済活動を行うとする政治的意思を民主的かつ非暴力的に創出し決定していくことが求められるからである。そうだとすれば、そこに教育の役割を見いだすことは可能であろうか。ここで参考としたいのが、オーストラリアの環境教育学者であるジョン・フィエンからの問題提起である。フィエン（2001）は、環境教育の国際的な議論や潮流に見られる環境と教育に関するイデオロギーの相違に着目した上で、批判的教育学の立場から「環境のための批判的教育」の必要性とそのカリキュラム理論を提起している。

　このフィエンの批判的環境教育論に関して、石川聡子（2001）は「持続可能性のための教育」の基本原理を次のように集約したと紹介している。すなわち、「①理念・基本的価値（公正・正義）、②手続き・過程（参加型合意形成・民主的意思決定）、③担い手・主体（市民・自立的存在）」の3つである。そして、これらの原理が意味するところは、「人間社会における公正さの実現のために、社会の構成員一人ひとりが、民主的な意思決定の手続きに関わることができ、他者とのつながりのなかで自らが豊かな存在になれること」だとして、「このような市民を形成し、持続可能な社会の構築へ向かう教育的役割を、持続可能性のための教育は果たすべき」だという。

議論を急げば、持続可能な社会構築に向けた教育の重要な役割のひとつとして、本論でもこの"市民の形成"ないしは"シティズンシップの涵養"を提示してみたい。ここで市民やシティズンシップについて再考する紙幅はないが、「市民と持続可能な社会」との関係に関しては、国内外の市民活動が育んできた市民主義や「エコロジー思想からみて、『市民』が『持続可能な社会』と固く結びつくのは、両者が（一）「理念と目的」と（二）手続きのあり方」を共有し、前者が後者の（三）「担い手」として想定される」という井上有一（2005）の指摘をここでは共有するにとどめておきたい。

3　社会運動体としてのネットワークへの展開

（1）情報・組織ネットワークとしてのDEARの国内ネットワーク

インターネット時代の今日、"ネットワーク"という用語には、次のような意味がそれぞれの分野や文脈に応じて付与されていよう。たとえば、①交通網や通信網のような運輸通信分野における社会基盤としての施設ネットワーク、②高度な情報通信技術に基づく情報の伝達や交換の場としての情報ネットワーク、③行政や企業のような階層型のヒエラルキー組織に対する水平型のアメーバ組織としての組織ネットワーク、④通常の生活や仕事の範囲を越えた多分野・異業種の関係者との人脈や人間関係を表わす人的ネットワーク、そして、⑤市民活動の理念や行動様式としての運動ネットワークといった意味である。以下、このような類型を参考に、DEARの国内ネットワーク事業の変容や課題について考察することとする。

日本で開発教育の具体的な実践が始まった80年代。東京という"中央"に拠点を構えたDEARは、欧米の先駆的な開発教育事情を国内に紹介し、大都市圏を中心に始まった日本独自な取り組みを各地の実践者らと共有する、いわば開発教育情報の中継所としての役割を担っていた。しかし、その一方で地域に拡がらない開発教育を地域に拡げていくことに注力するあまり、その組織や活動には、「大都市圏での"知的な市民活動"として始まった開発教育」

を「"中央から地域に普及する"という『上意下達』的な」構造を内蔵することになった（湯本、2008）。それと同時に、この構造を自覚していたが故に、各地の担い手との水平的で互恵的な信頼関係づくりを強く意識した事業展開が意図されてきたとも言えよう。DEARの国内ネットワーク事業の中核となった「開発教育地域セミナー」の企画運営においては、地域の共催者の主体性や問題関心を最優先するとともに、その成果や課題が「開発教育全国ネットワーク会議」で共有されることによって、各地で開発教育の実践者や実務者をつなぐ人的ネットワークが醸成されることとなった[3]。そして、2000年代の初めには、各地に開発教育や地球市民教育の名を冠した実践グループが発足し、担い手相互の顔の見える関係がほぼ全国的に成立する状況に至っていた。さらに、そうしたグループが、各地の自治体や学校、国際交流協会や現在の国際協力機構（JICA）などと連携した独自の事業を展開するようにもなっていた。

　こうした国内ネットワークづくりの成否については第三者の評価を待ちたいが、DEARが試行錯誤した国内ネットワークも、上述のネットワーク類型に当てはめれば、開発教育に熱心な担い手集団といういわば"閉じた世界"の中での情報・組織ネットワークや人的ネットワークに留まっていたというのが筆者の認識である。たしかに、開発教育関係者の参集する会議や事業は、情報交換や経験共有、あるいは相互学習や相互啓発を促進する上で、少なからずの成果があったと振り返ることができる。しかしながら、それらを越える運動ネットワークへの展開を見るまでには至っていない。ここでは運動ネットワークを他のネットワークよりも価値的に上位に位置づけているわけだが、なぜ開発教育にとって運動ネットワークが重要であると考えるのか。そもそも運動ネットワークとは何かについて、次項以下でさらに検討したい。

（2）社会運動体としてのネットワーク

　社会運動という文脈でのネットワーク論が、日本で広く耳目を集めるようになったのは、1984年にリップナックとスタンプスによる著作『ネットワー

キング』が公刊されたことが大きいだろう。それ以降、"ネットワーク"や"ネットワーキング"という言葉が日本の市民活動や一般社会の中でも一種の流行語やキーワードとして拡がりを見せたことが今でも想起される。

　この著作の中でかれらは、世界一の経済大国であり、軍事大国でもあるアメリカ社会の中に形成されてきた市民的な価値観や一般市民の自発的な参加に基礎を置いた多様な社会運動体を「ネットワーキング」と規定した上で、それが経済的にも軍事的にも膨張を続けるアメリカとは異なる「もうひとつのアメリカ」であると紹介した。そうした既存の価値観や社会体制に対して市民参加や社会変革を実現することこそが、従来の組織ネットワークや情報ネットワークなどには見られない運動ネットワーク、すなわち社会運動体としてのネットワークの本質であろう。

　このように考えれば、開発教育の目指すべきネットワークのあり方が自ずと見えてこよう。すなわち、情報・組織論的ネットワークや人的ネットワークの中に学びや気づきが滞留するのではなく、現実社会の中でオルタナティブを提示し、これを実現していくための学びや気づきの総体が、開発教育が次に目指すべきネットワークであろう。はたして、開発教育が従来の国内ネットワークを社会運動体としてのネットワークへと展開あるいは転換していくことは可能だろうか。DEARの2000年代以降の国内ネットワーク事業の中から、その兆候や課題を抽出してみたい。

　2000年代に入って、開発教育の国内ネットワークの特徴を一言で言えば、それは"地域認識の転換"ということである。従来の開発教育は、「世界の開発問題を認識（し、）自分たちに何ができるかを考察（し、）まず自らの地域で活動（する）」（山西他、2008）こと、つまり地球規模で考え、足元から行動することを学習者に促してきた。しかし、この文脈における"地域"とは、学習者が実践に向けて最初の一歩を踏み出すための"足場"に過ぎなかった。

　しかし、ここ10年余りの議論の中で重要視されてきたことは、「『世界の開発問題＝私たちの地域の問題』という一体的視点」であり、それは「世界、日本を問わず各地域で行われている地域課題解決への取り組みに、具体的な

『行動』と『学び』の方向性を見出し、各地の取り組みをつなぐ動きの中から『これからの開発教育』の方向性を描こうとする」視点であった（同上）。

こうした視点に立ちながら、「地域を掘り下げ、世界とつながる学びのデザイン」（ESD開発教育カリキュラム研究会、2010）や「地域の課題に向き合うファシリテーション」（地域に向き合うファシリテーター研究会、2012）という参加型学習のカリキュラム論や参加型開発に向けたファシリテーション論が開発教育の中では検討されてきた。

（3）"地域認識の転換"に基づいたオルタナティブなネットワーク

2000年代以降のDEARの国内ネットワーク事業が持つ視点や方法論に共通することは、"世界"と密接につながる"地域"の持つ課題性から学びや行動を再構築していこうという点である。これが今日の開発教育の到達点とも言えるが、こうした"地域認識の転換"が何から生まれてきたのかと言えば、それは地域の中での"他者"との出会いである。すなわち、開発教育の担い手が、自身の活動や生活圏の中で地域課題に直面し、それに関わるステークホルダー（利害関係者）との出会いや交わり、摩擦や対立、そして共感や対話などを経ながら、新たな"地域認識"が生まれてきたということである。

そのステークホルダーとは、分野やセクターを問わず、それまで開発教育とは接点のなかった当事者であり、開発教育の担い手からすれば、"地域"の中で擦れ違ってきた"異なる他者"でもある。そして、地域の中で"他者同士"が出会い、そこから新鮮な学びや気づきが芽生える時、それは単なる情報共有や事業運営のためではない、自己変革や社会変革に向けたネットワークへの質的転換が図られる契機となる。

しかし、質的転換を果たしつつあるとは言え、開発教育のネットワークがオルタナティブの実現に十分な成果をあげているとは言いがたい。もちろん、地球的課題と同様に、地域課題もまたその様相は複雑であり、それに有効な解決策や代替案を提示することはけっして容易ではない。しかし、他者との学び合いや気づき合いを積み重ねるだけのネットワークに留まっていては、

第11章　持続可能な社会構築における教育の役割

問題の解決や状況の変化にはつながらない。現実社会の中でのオルタナティブの実現を促進していくこと、すなわち"社会を動かしていくこと"ができなければ、開発教育の存在意義や存在価値が問われることになるだろう。はたして、持続可能な社会というオルタナティブを創出する社会運動としてのネットワークに開発教育の研究や実践はなりえるのだろうか。

4　環境教育と開発教育の実践的統一 ── その可能性と展望

(1) 持続可能な社会構築に向けた"市民教育"のネットワーク

　持続可能な社会構築の実現に向けて、教育が何らかの役割を果たそうとすれば、その教育は"国家的で国民的で非政治的な教育"ではなく、"非国家的で市民的で政治的な教育"にならざるを得ないと考える。持続可能な開発や社会が、自然環境面での持続可能性だけではなく、社会的公正や文化多様性をはじめ、参加型民主主義や非暴力主義にも基づくものであるならば、その実現には、対立しあう主張や集団との間での複雑で困難な合意形成も必要となる。持続可能な社会構築に向けた教育が"政治的な教育"にならざるを得ないのは、こうした合意形成がつとめて政治的であり、これを担おうとする市民も政治的存在とならざるを得ないからである。

　持続可能な社会構築を担う市民とは「主体的に社会の変革を目指す積極的な人格を意味するもの」であり、「…特定の制度や因習に縛られることなく、社会的責任をもって自主的に、非暴力・非営利の立場で、社会的に弱い立場に置かれている人たちのことも考えつつ、それぞれの課題に取り組む人々」である。そうだとすれば、「こうした『市民主義』とも呼ぶべきアプローチは、国家という枠組みが…強調される国家主義的な動きとは正面から衝突」し、「結果責任を弱い立場にある個人にすべて押しつける『自己責任論』や…経済的自由ばかりを強調する新自由主義とも、厳しく対峙するものである」(井上、2005)。

　とは言え、国家や市場、そしてグローバリゼーションの荒波を前にした市

民一人ひとりの存在はきわめて脆弱でもある。そうであるが故に、行政や企業からの認知や支援を甘受したくもなる。しかし、そうした状況に安住すればするほど、国家や市場に異議を申し立て、代案を提示することが難しくならないか。また、"市民の形成"や"シティズンシップの涵養"を目的とした教育が、既存の法制度や公教育という強固な枠組みの中に押し込められるとすれば、その中からどれほどの批判精神や市民意識が湧出してくるだろう。

市民たちが持続可能な社会構築に向けたオルタナティブを提示し、教育がその実現を支持したとき、そこには"市民"と"教育"との融合が生まれ、リップナックとスタンプスが提示した社会運動としての"市民教育"のネットワークが形成されることになるだろう。この点において、持続可能な社会構築を担う教育は、私たち一人ひとりが行動的市民（active citizen）として成長することを願う市民教育と一体となる。これが本書の提起しようとする環境教育と開発教育の実践的統一が持つひとつの意味であり可能性なのではないだろうか。

（2）持続可能な社会構築を担う市民のシティズンシップ

さて、環境教育や開発教育のカリキュラムやプログラムで学んだ子どもたちや大人たちは、持続可能な社会構築を担う行動的市民となりえているのだろうか。そもそも環境教育や開発教育の担い手を自認する私たち自身はどうだろうか。もしなりえていないとすれば、そのための場や機会を自他に提供し、シティズンシップの涵養に互いに努めていくことが重要であろう。その涵養すべきシティズンシップの内容については多様な議論があるが、ここでは日本と英国の関係文書からその一部を抜粋して今後の議論の端緒としてみたい。

まず日本では、2003年に「環境の保全のための意欲の増進及び環境教育の推進に関する法律」が制定され、その改正法となる「環境教育等による環境保全の取組の促進に関する法律」が2012年から完全施行された。旧法が改正された背景には「国連ESDの10年」への対応があるというが、改正法に基づいて閣議決定された「基本方針」[4]には、「持続可能な社会をつくるために

は、世界的な視野に立ち、地球市民として取り組むことが必要」との一節があり、「地球市民」という文言を確認できる。この「地球市民」に関して、これ以上の言及はないが、「基本方針」では「環境保全のために求められる人間像」が提示され、「そうした人間に求められる能力」には「未来を創る力」と「環境保全のための力」があるという。

たとえば、前者としては、「社会経済の動向やその仕組みを横断的・包括的に見る力」や「課題を発見・解決する力」などが、後者としては、「地球規模及び身近な環境の変化に気付く力」や「資源の有限性や自然環境の不可逆性を理解する力」などが明示され、「これをはぐくむのが環境教育の役割だ」としている。いずれにしても、持続可能な社会構築を担う地球市民に求められる力として、「未来を創る力」はその基礎力として共有できても、「環境保全のための力」だけではきわめて不十分である。

他方、英国では労働党のブレア政権時の1998年に「クリック・レポート」[5]が公表され、2002年から全国共通カリキュラム（National Curriculum）の中に「シティズンシップ」が新科目として導入された。これを機に英国の開発教育団体の全国組織である開発教育協会（DEA）[6]は、「政治的リテラシー」、「社会的・倫理的責任」そして「コミュニティとの関わり合い」を3要素とするシティズンシップ教育の推進を提起した（Brownlie & DEA, 2001）。

また、このカリキュラムが英国中心の内向きなものとなるのではなく、グローバル化や多文化化が進む英国社会の現実や課題を反映したものとなるように、カリキュラムが重視すべき8つの基本概念を提示した。すなわち「グローバル・シティズンシップ」、「多様性」、「人権」、「相互依存」、「持続可能な開発」、「価値と認識」、「社会正義」、そして「対立解決」である（DfEE, 2000）。

ここで明示された「グローバル・シティズンシップ」とは、「十分な情報を得た上で、責任を持って積極的に行動できる市民となるために必要な知識や技能」であるとして、具体的には次のような6項目が例示されている。

・地球的課題に関する多様な情報や意見を評価・分析する。
・地球的課題に関わる制度や宣言や条約、NGOや政府の役割を理解する。
・重要な決定がどこでどのように下されているのかを理解する。
・若者の意見や関心は重要かつ無視されるべきものではなく、地球的課題に対する影響力を持ちうるものであると認識する。
・個人や地域や国内の問題が地球規模の文脈の中にあることを認識する。
・自国や他国における言語、芸術、宗教などの役割を理解する。

　地球市民ないしはグローバル・シティズンシップに関する日本の環境教育と英国の開発教育の関連文書の記載を対比させたが、それぞれの文書の目的や背景が異なる以上、単純に比較できないことは言うまでもない。しかし、環境教育と開発教育との実践的統一を図ろうとする上で、また、持続可能な社会構築に向けた教育の役割を今後検討していく上で、英国をはじめ、欧州の試行錯誤の経験に学ぶことは少なくないだろう。

（3）実践的統一としての運動ネットワーク

　「国連ESDの10年」がその最終年となる2014年を迎えている。環境教育と開発教育の実践的統一を具体化するものとして、ESDや持続可能性のための教育があるのだとすれば、この10年での成果や今後の課題とは何だろうか。はたして、本書の表題にある「環境教育と開発教育」は、ESDの普及推進を通じて、持続可能な社会構築の実現にどこまで寄与できたのか否か。その評価が本論の目的ではないが、たしかに、ESDに関心を寄せ、これを実践する個人団体の数は10年前と比較すれば格段に増加しただろう。

　しかし、これを前節のネットワーク論の観点から見れば、それは開発教育の国内ネットワークがそうであったように、やはりESDという"閉じた世界"の中での組織・情報ネットワークあるいは人的ネットワークの領域を抜け出てはいないのではないだろうか。また、環境教育と開発教育が今後改めて連動し、ESDの新たな組織ネットワークが生まれ、これに人権教育や平和教育などの隣接教育群がこれに合流したとしても、それは従来のネットワークが

第11章　持続可能な社会構築における教育の役割

拡大するだけで、新たな運動ネットワークとはなりえないのではないか。

　では、こうしたネットワークの質的転換を図るためには、何が必要とされるだろうか。これまでの議論を踏まえて2つのことを展望してみたい。

　ひとつは"他者との出会い"によって得る新鮮な学びや気づきが、従来のネットワークを新たな運動ネットワークへと導く触媒となる可能性に期待したい。はたして、地球的課題に取り組む教育群の研究実践の担い手は、現実社会の中で"同好の士"とではなく、"異なる他者"との出会いを果たしているのか否か。そこに生まれる自己変革を促す学びや気づきが、本書の提示しようとする実践的統一にとっての必要条件となるのではないか。

　もうひとつは、"シティズンシップの涵養"、すなわち、政治的存在である市民としての資質や素養を私たち一人ひとりが高めていくことである。これは運動ネットワーク、すなわち、地球的課題に取り組む教育群が提示するオルタナティブの中核でもあり、これらの教育群が実践的に統一する上での大前提や共通目的となりえるのではないか。その意味で、国内外における政治教育や市民教育の知見や経験に学ぶことは重要であると考えている[7]。

5　おわりに──グローバル・ネットワークの今日的意味とは

　持続可能な社会構築に向けて、環境教育と開発教育がほかの隣接教育群とともに社会運動体としてネットワークを形成していこうとする際、海外の知見や経験に学び、関係者や関係団体等と連携協力していくことは必須となろう。しかし、それは単なる事業協力や相互学習のためのネットワークではなく、地球社会あるいは国際社会に対して異議を申し立て、オルタナティブを提示し、"異なる他者"と対話していくためのネットワークである必要がある。それがグローバル・ネットワークということである。とは言え、それが何か特別なことだと身構える必要はない。もちろん、海外の先駆的な取り組みに学び、関連する国際会議等に参加し、国際的なキーパースンとの信頼協力関係を築いていくことの意義を否定する必要も無い。DEARでも、これまでア

第三部　グローカル・パートナーシップに向けて

ジアや欧州の関係団体との交流から多くを学んできている[8]。

　しかし、こうした海外との交流を通じて痛感することは、グローバル・ネットワークに参加し、これに連動しようとする時、「そこで期待され必要とされるのは、決してグローバルやナショナルな経験や課題ではなく、リージョナルで、ローカルで、さらにはパーソナルなものであるとさえいえる」（湯本、2003）。"異なる他者"との出会いから生まれるパーソナルな学びや気づき、そしてローカルな課題や実践が、グローバル・ネットワークの根幹にあるのであって、それから乖離した議論や経験は、グローバル市民社会の中ではもはや空論でしかない。同時に、"異なる他者"は日本国内だけにいるのではない。欧米諸国のみならず、アジアやアフリカの過酷な"現実"や"運命"の中で、民衆教育やコミュニティ・オーガナイジング（タンジョハン、2008）などに取り組む市民組織や住民組織が蓄積してきた知見や経験に学ぶべきことは多い[9]。

　持続可能な社会構築に向けたネットワークをグローバルに拡張しようとする時、そこで対峙せざるを得ないものは、いわゆる新自由主義的でトップダウンなグローバリゼーションであろう。環境教育や開発教育が他の隣接教育群と今後目指そうとする持続可能な社会構築に向けた教育は、ネパールのPRA（参加型村落調査）ファシリテーターであるカマル・フヤルがいう「下からのグローバリゼーション、貧しい人々のためのグローバリゼーション、草の根におけるグローバリゼーション」（開発教育協議会、2002）を促進するものであり、それはまさに社会運動体としての"もうひとつのグローバル・ネットワーク"でもある。環境教育と開発教育とが実践的に統一していこうとする中で、私たち自身がそうしたネットワークの担い手として成長していくことが、今求められている。

注
（1）1982年に任意団体の開発教育協議会として発足。2002年に現在の団体名に改称し、2003年に特定非営利活動法人化。なお、筆者はDEARに役職員として長く関わってきたが、本論は当協会の立場や見解を代表するものではない。

第11章　持続可能な社会構築における教育の役割

（2）未来のための教育推進協議会『市民による生涯学習白書』（未来のための教育推進協議会、1999年）の90ページから引用して筆者が加筆。
（3）日本における開発教育の歴史的展開やDEARの国内ネットワーク事業の詳細については、湯本（2003；2008）を参照されたい。
（4）「環境保全活動、環境保全の意欲の増進及び環境教育並びに協働取組の推進に関する基本的な方針」（平成24年6月26日閣議決定）。なお、「地球市民」という文言は法律にはなく、「基本方針」での記述も2箇所に留まっている。
（5）「クリック・レポート」とは、Bernard Crickを委員長とする「シティズンシップに関する諮問委員会」の最終報告書「学校におけるシティズンシップのための教育と民主主義の指導」（Advisory Group on Citizenship, *Education for Citizenship and the Teaching of Democracy in School*, London: QCA, 1998.）のこと。
（6）1979年発足のNational Association of Development Education Centres（NADEC）を前身とする開発教育団体の全国組織。93年にDevelopment Education Association（DEA）に改組。2011年からはThink Globalと通称している。
（7）DEARでは研究誌『開発教育』（Vol.55、2008年）の中で、「開発教育と市民性」を特集し、政治教育や市民教育について検討した。
（8）「アジア南太平洋基礎・成人教育会議（ASPBAE）」（三宅・西・近藤、2005）をはじめ、欧州開発救援NGO連合（CONCORD）の開発教育部門が主催する「開発教育欧州交流プロジェクト（DEEEP）」（八木、2012；中村、2012）などとの交流を続けている。2013年11月には、CONCORDやDEEEPなどの国際的な市民ネットワーク組織が、国連ミレニアム開発目標や国連ESDの10年が終了した後の世界の市民活動や市民教育の方向性を協議するためのヨハネスブルグ会議を南アフリカで共催し、DEARから職員を派遣する機会を得た。
（9）DEARでは立教大学ESD研究センター（現在の立教大学ESD研究所）とともに、マレーシアのSEAPCP（東南アジア大衆コミュニケーションプログラム）との研修事業（西、2010）やタイのISDEP（持続可能開発教育研究所）との協働プロジェクトなどを実施してきた（田中、2010；田中・上條、2011）。

引用・参考文献
ESD開発教育カリキュラム研究会『開発教育で実践するESDカリキュラム』（学文社、2010年）
石川聡子「これからの環境教育」（フィエン『環境のための教育』東信堂、2001年）
井上有一「エコロジー思想と持続可能性に向けての教育」（今村光章編『持続可能性に向けての環境教育』昭和堂、2005年）
「エネルギーと環境」編集部『ヨハネスブルグ・サミットからの発信』（エネルギージャーナル社、2003年）

第三部　グローカル・パートナーシップに向けて

環境省『環境基本計画：環境の世紀への道しるべ』（ぎょうせい、2001年）
環境と開発に関する世界委員会『地球の未来を守るために』（福武書店、1987年）
田中治彦「開発教育・ESDにおける国際交流の成果と課題」（『開発教育』Vol.57、2010年）
田中治彦・上條直美「参加型学習を通じた日・タイ研究交流事業」（『開発教育』Vol.58、2011年）
タンジョハン「東南アジアにおける教育NGOのネットワーキング」（山西・上條・近藤編『地域から描くこれからの開発教育』新評論、2008年）
地域に向き合うファシリテーター研究会『「地域の問題解決を促進するファシリテーター」ハンドブック』（開発教育協会、2012年）
千葉呆弘「テッサロニキ宣言」（『国際理解教育』Vol.4, 1998年）
西あい「アジアにおけるコミュニティ・オーガナイジングから学んだこと」（『開発教育』Vol.57、2010年）
中村絵乃「第2回『欧州グローバル教育会議』報告：欧州におけるグローバル教育の10年」（『開発教育』59号、2012年）
フィエン，ジョン『環境のための教育』（東信堂、2001年）
フヤル, カマル「草の根のグローバリゼーションをめざして」（開発教育協議会「開発教育ニュースレター」第99号、2002年）
三宅隆史・西あい・近藤牧子「アジアの教育運動・活動の展開」（『開発教育』No.52、2005年）
八木亜紀子「開発教育サマースクールに参加して」（『開発教育』59号、2012年）
山西優二・上條直美・近藤牧子編『地域から描くこれからの開発教育』（新評論、2008年）
湯本浩之「日本における『開発教育』の展開」（江原裕美編『内発的発展と教育』新評論、2003年）
湯本浩之「開発教育協会の国内ネットワーク事業」（山西・上條・近藤編『地域から描くこれからの開発教育』新評論、2008年）
湯本浩之「欧州の開発教育の現状と課題：政策文書『欧州開発コンセンサス：開発教育と意識喚起の貢献』を手がかりとして」（立教大学教育学科研究年報、2010年）
リップナック＆スタンプス『ネットワーキング』（プレジデント社、1984年）
Brownlie, Ali and Development Education Association (DEA), *Citizenship Education: the Global Dimension* (*Guidance for Key Stage 3 and 4*), London: DEA, 2001.
Department for Education and Employment (DfEE), *Developing a Global Dimension in the School Curriculum*, London: DfEE, 2000.

第12章 ポスト2015開発アジェンダにおける教育の機能と役割
――国連教育イニシアティブ（GEFI）と教育に関する包括的協議に基づいて

佐藤　真久

1　はじめに

　2015年に迎えるミレニアム開発目標（MDGs）の目標達成期限を前に、目標達成にむけた政策論議とともに、MDGs後の国際開発目標（ポスト2015開発アジェンダ）についての政策論議がなされている。2012年6月に開催された国連持続可能な開発会議（リオ＋20、UNCSD）では、持続可能な開発および貧困根絶の文脈におけるグリーン経済、持続可能な開発のための制度枠組、が主要テーマとして取り扱われただけでなく、持続可能な開発目標（SDGs）の重要性が指摘されるなど、ポスト2015開発アジェンダに関する議論が深められている。2012年後半には、国連事務局はポスト2015開発アジェンダの策定にむけたロードマップを示すべく国連機関タスクチーム（国連経済社会局と国連開発計画による共同議長）を発足させた。このような背景のもと、ポスト2015開発アジェンダの策定にむけて、地域・国家レベルほか、地球規模の11の関連テーマ（紛争と脆弱性、教育、エネルギー、環境的持続可能性、食料保障、健康、ガバナンス、成長と雇用、不平等、人口変動、水）において議論が深められてきている。

　本章では、「ポスト2015開発アジェンダにおける教育の機能と役割――国連教育イニシアティブと教育に関する包括的協議に基づいて」と題して、(1)国連がすすめている国連グローバル教育ファースト・イニシアティブ（GEFI）、(2)ポスト2015における教育の機能と役割に関する包括的協議（2013年3月於

第三部　グローカル・パートナーシップに向けて

ダカール、セネガル共和国）の取組を中心に紹介し、その後、ポスト2015開発アジェンダにおける教育の機能と役割について、筆者の見解を述べることとしたい。

2　国連グローバル教育ファースト・イニシアティブ（GEFI）の3本柱と地球市民性教育

　国連は、国連事務総長自らの呼びかけにより、2012年にグローバル教育ファースト・イニシアティブ（GEFI）という教育分野における新たな戦略を立ちあげた。GEFIでは、3つの優先課題として、(1)全ての子どもが学校にいけるように取組むこと、(2)学習の質を充実すること、(3)地球市民性教育を促進することを掲げている。GEFIにおける［(1)全ての子どもが学校にいけるように取組むこと（教育の公平性）］と［(2)学習の質を充実すること（教育の質)]は、以前からその重要性が指摘され取組まれているものの、グローバル化時代において、新たに［(3)地球市民性教育を促進すること］が教育の重要な戦略として位置付けられている。そして、地球市民性教育は、2つの優先課題（教育の公平性、教育の質）とともに連関して推進すべき重要な課題である点が強調されており、公平、平和、寛容かつ包容的な社会の実現のために最も重要な戦略の一つとして位置付けられている[1][2]。

　国連教育科学文化機関（UNESCO）は、近年の国連の戦略（GEFI）に対応すべく、2013年12月に「地球市民性教育に関するUNESCOフォーラム」（以下、当該フォーラム）を開催した（2013年12月、バンコク、タイ王国)[3]。当該フォーラムでは、万人のための教育（EFA）、持続可能な開発のための教育（ESD）等の国際的取組を横断的に包含する概念として「地球市民性」を掲げ、1980年代頃から活発に議論が行われてきている地球市民性教育に関する議論を振り返りつつ、(1)地球市民性教育に関する政策、研究、実践の共有、(2)地球市民性教育の傾向、革新的取組、近年の論争、に関する議論の推進、(3)概念構築、内容、定義的・評価的課題と、質の高い地球市民性教育の

第 12 章　ポスト 2015 開発アジェンダにおける教育の機能と役割

特徴についての理解の深化、(4)国、地域、グローバルなレベルだけでなく、実施メカニズム、国際協力と支援のためのネットワーク構築における地球市民性教育分野の具体的行動の明確化、(5)知的議論のためのプラットフォームへの参加、を行うものであった。

　当該フォーラムの導入では、2013年9月に大韓民国ソウルにおいて開催された地球市民性教育に関する会合 (4) を踏まえ、地球市民性教育の重要性と優先的取組についての発表がなされた。地球市民性教育の重要性については、地球的課題に対する挑戦、相互依存性と相互関連性の認識の重要性、教育の社会的適合性に対する関心があることが述べられただけでなく、GEFIにおける優先事項としての位置づけについても強調がなされた。その背景には、EFAとMDGsの文脈（教育に対する権利、教育に対するアクセス）、生涯学習（体系的な継続性と学習・教育の質）などとも関連しているとし、地球市民性教育が平和と持続可能性に貢献できうるものとして、また、教育の内容と質に貢献できうるものとして、重要な取組であることが指摘された。さらに、「地球市民性」を法律に基づく集合体という認識ではなく、「グローバルな社会と共通する人間性への帰属意識」（グローバルな連帯・主体性・責任性を有する感覚、行動を起こすこと、普遍的な価値に基づきその価値を尊重すること）と定義をし、その目的として、行動に参加し、積極的な役割を担うこと（グローバルとローカルの両方の文脈において、グローバルな挑戦に挑み、解決にむけて）や、能動的な寄与者になること（より公正で、平和的、寛容さ、包摂性、安全性、持続可能性を有した世界にむけて）を通して、教育形態や世代を超えた学習者のエンパワーメント（若年・ユースの学習者、学習グループの重要性）を掲げている。さらには、地球市民性教育に必要な資質・能力として、グローバルな課題や傾向に対する知識と理解、批判的思考能力、コミュニケーション能力、行動に参画するための態度、情動的・社会的能力としての共感性と態度、の重要性が強調された。地球市民性教育の推進においては、政治的、社会的、文化的、宗教的な環境に対してオープンであること、課題の批判的分析を可能にし、差異性と多様性を尊重し、行動

をとることに責任をもつといった「変容を促す教育学（transformative pedagogy）」についての考察を深めることが重要であることが指摘された。その一方で、地球市民性教育を取り巻く関心事項として、地球市民性教育の目的が、(1)グローバルな社会のためなのか、個人の学習者のためなのか、(2)グローバルな連帯のためなのか、個々人の競争のためなのか、について議論の余地があるとし、さらには、(3)地球市民性教育がグローバルとローカルな主体性を関連づけることができるかについても議論をする必要があると指摘がなされた。

3　ポスト2015における教育の機能と役割に関する包括的協議

　ポスト2015における教育の機能と役割に関する包括的協議は、国連児童基金（UNICEF）とUNESCOにより進められており、2013年3月には、セネガル政府、UNICEF、UNESCOの主催による「ポスト2015開発アジェンダの策定にむけた国連教育協議ワークショップ "The World We Want 2015"」が、セネガル共和国、ダカールにて開催された（2013年3月18〜19日）[5]。本会合では、今日までのMDGsに関する教育分野の取組（主として、普遍的初等教育の達成、ジェンダーの平等の推進と女性の地位向上）を振り返りつつ、(1)教育分野で完了していないアジェンダの抽出、(2)ポスト2015教育アジェンダの枠組策定にむけた原則と優先事項の確認、(3)ポスト2015教育アジェンダの構成の検討、(4)教育目標のための達成目標と指標開発の検討、(5)目標としての教育テーマの優先順位づけの検討、(6)ポスト2015の教育目標の実現を可能にさせる条件の検討、を行うものであった。本会合では、MDGsの教育アジェンダにおける進捗と成果を振り返り、初等教育への就学率の向上や男女格差が改善されたものの、未だ十分に達成されていない状況を踏まえ、EFAの目標、MDGsの目標の継続と、教育分野の目標達成にむけた努力の重要性を提示している。そして教育は、非公平性を克服し、貧困を削減し、成長と発展に貢献しうる最も重要な投資であるとし、「教育の公平性」、「教育

第12章 ポスト2015開発アジェンダにおける教育の機能と役割

の質」、「持続可能な開発の基盤に貢献しうる教育」の重要性が強調されるとともに、ポスト2015開発アジェンダの中核に位置づける重要性が指摘された(Government of Senegal, UNESCO and UNICEF, 2013)[6]。

4 ポスト2015開発アジェンダの策定にむけて

(1) MDGsとSDGsの連関の強化

本包括的協議では、ポスト2015開発アジェンダの策定において、MDGsの継続、またはMDGsの一部改善（ポストMDGs）の議論が行われている。その一方で、前述のとおりSDGsの国際的議論も進んでいる。これらの背景にはアジェンダ設定における視点の違いがあることが読み取れる。MDGsの継続・一部改善に関する議論とSDGsの議論は、ともに教育の開発・発展（基本的人権としての教育、人間的・本質的な営み）を重視しているものの、教育を社会経済開発の基盤・手段として見る開発アジェンダ（開発のための教育）と、環境保全をも包含した開発の基盤・手段として見る環境アジェンダ（環境のための教育）において、捉え方に差異が見られている（**表12-1**）。

表12-1　開発および環境アジェンダの特徴

開発アジェンダ	環境アジェンダ
● 貧困・社会的排除問題 ● 人間自身、人間と人間の関係性が最優先 ● 貧困削減、社会的正義、および開発が主要優先事項として位置づけられる ● 環境問題及び自然環境保全の優先順位は、上記項目より低い	● 地球環境問題 ● 自然環境保全、地球資源制約に基づく人間と自然の関係性が最優先 ● 人間自身（開発圧力による自然破壊）が問題になることも時々ある ● 開発問題及び貧困削減、社会的包摂の優先順位は、上記項目より低い

Wade & Parker (2008)[7] に基づき筆者翻訳・加筆・修正

(2) EFAとESDの連関の強化

万人のための教育（EFA）は今日まで、発展途上国における権利、エンパワーメント、開発を核とするより公正な社会を構築するための基盤を提供

するという役割を担っており、とりわけ社会周縁部に取り残された人々や脆弱層を重視し、全学習者が利用可能な基礎教育とリテラシーの充実に努めてきた。いっぽう、ESDは、教育だけにとどまらない広範囲な目的（環境保全や経済社会開発）を有し、先進国の人々も対象として含み、すべての学習の一部として、基本的な価値観、プロセス、行動を重視してきた取組である。そして、相互に重複している点としては、(1)教育を人権の一つとして捉えていること、(2)質の高い教育に対するコミットがなされてきていること、(3)質の高い生活（QOL）の向上、貧困削減、健康の向上を目指していること、(4)公教育だけでない教育・学習の場を含んでいること、(5)初等教育の重要性を指摘している点、などが挙げられる。

　万人のための質の高い教育（ESDFA）に対するコミットメントは、貧困削減、健康の向上、持続可能な暮らしの実現のための必須条件である。2012年のUNCSD最終報告書（233条）では、国連ESDの10年（2005～2014）以降のESDの継続性が強調され（UN, 2012）、さらに、持続可能な開発において人間中心（経済開発に対する社会開発の中心概念としての人間開発アプローチ）であることを強調している点に、持続可能な社会構築における「教育と学習」の重要性をうかがうことができよう。このように、ESDの理念は教育・学習の質の向上に大きく貢献するものとして取り扱われており、相互補完的機能としてEFAとESDの対話の重要性が強調されている（Wade, R. & Parker, J. 2008; UNESCO, 2009 [8] ; UNESCO, 2012 [9]）（**表12-2**）。

　本包括的協議においても、DESD国連組織間会合によるキーメッセージが配布され、ESDの国際的取組（国連ESDの10年：DESD）を通して、教育、普及啓発、訓練にESDの要素が内在化してきている点が強調され、とりわけ質の高い教育の推進と、環境の持続可能性の確保においてポスト2015開発アジェンダに貢献しうる点が指摘されている（Inter-Agency Committee on the DESD, 2013）[10]。そして、EFAとESDの重複部分（**表12-2**の重複部分）は、ポスト2015開発アジェンダの教育分野の議論を深める際の重要な場になりうると考えられる。これは、**表12-1**（開発および環境アジェンダの特徴）

第 12 章　ポスト 2015 開発アジェンダにおける教育の機能と役割

表 12-2　EFA と ESD の分類と重複

EFA	・全学習者が利用可能な基礎教育・リテラシー ・質の高い基礎教育から排除された人々を重視
EFA と ESD の重複	・教育を人権の一つとして捉えている ・人権、特に男女同権と社会周縁部に取り残された人々の権利の推進 ・質の高い教育に対するコミットメント ・質の高い生活（QOL）の向上、貧困の削減、及び人々の健康の向上を目指している ・初等教育の重要性 ・教育及び開発への万人の参加：政府、市民社会組織（CSO）、民間セクター、コミュニティ、個人フォーマルな学習以外の学習も含む 注：これらの要素の中には、ESD、EFA の一方に顕著なものもある
ESD	・教育だけにとどまらない広範囲な目的 ・計画型の学習活動の中及び外における万人のための ESD の適切性と重要性 ・消費者主義が支配的な社会に属する恵まれた地位にある人々も含む ・すべての学習の一部としての基本的な価値観、プロセス、行動の重視

Wade & Parker （2008）に基づき翻訳

で見られるような、権利に基づくアプローチを重視している開発アジェンダと、持続可能なくらしや地球資源制約に基づくアプローチをも重視している環境アジェンダの連関において、教育的取組が大きな役割を有しているとも言えよう。本包括的協議においても、「教育の公平性」と「教育の質」が提示されているだけでなく、地球市民性、態度・情動・価値観などのスキル（non-cognitive skills）、持続可能な開発への人的能力の向上等の視点が、今後のEFAとESDを連関させる可能性を有していると言える。

5　環境教育と開発教育の実践的統一 ── その可能性と展望

　鈴木・佐藤（2012）[11]は、地球レベルで考えなければならない問題には、貧困・社会的排除問題と地球環境問題があるとし、両者は、危険社会化と格差社会化、富の過剰と貧困の蓄積の相互規定的対立を深刻させてきたグローバリゼーションの結果であるとしている。さらに、両問題ともに、各国にとどまらず世界システムの在り方、とくに先進国と発展途上国との深刻な矛盾・対立を伴うもので、今日の地球的な「双子の基本問題」として、21世紀に解

決を迫られている基本的課題であるとしている。そして、鈴木・佐藤（2012）は、貧困・社会的排除問題と地球環境問題は別の問題ではなく、同時に取り組むことが求められるとまとめている。貧困・社会的排除問題を主として取り扱ってきたMDGsと、地球環境問題をも取り扱うSDGsに関する政策論議において、今後、ポスト2015開発アジェンダの策定におけるMDGsとSDGsの整合性の確保が必要不可欠であり、さらには、両アジェンダと深く関係するEFAとESDの整合性の確保が必要不可欠であると言えよう。

　開発教育と環境教育の視点からも、MDGsとSDGs、EFAとESDの接点を見ることができる。発展途上国における開発問題と発展途上国・先進国の間に見られる「人間と人間の関係性」（貧困・社会的排除問題）に視点をおいた開発教育は、今日において身の回りにある地域の問題を社会構造と結び付けて捉え、新しい社会のあり様を地域から発想するという視点を取り入れている（山西・近藤・上條、2008）[12]。一方、「人間と自然の関係性」に視点を置き、地球環境問題と自然と自然科学に基づいた従来の環境教育は、人口問題や開発問題のなかでとらえられるようになり、1992年の環境・人口・開発に関する教育的取組（EPD）の創出や、のちの1990年後半に見られる「持続可能な開発のための教育（ESD）」などの持続可能性と教育の議論に影響をもたらしている。

　このように見ると、今日の地球的な「双子の基本問題」（貧困・社会的排除問題と地球環境問題）を同時的に解決しようとする実践においては、開発教育と環境教育はもう深く連関しつつあると言える。さらに、「双子の基本問題」の同時的解決という意味合いは、開発教育と環境教育の実践的統一を超えて、ポスト2015開発アジェンダにおける、MDGsとSDGsの連関、EFAとESDの連関をも意味しているものと言えよう。

6　おわりに──ポスト2015開発アジェンダにおける教育の機能と役割

　ポスト2015における教育の機能と役割に関する包括的協議（前述）におい

て指摘がなされているように、ポスト2015開発アジェンダにおいて「教育と学習」を中核に位置づける指摘が、多くの国際議論において見受けられる。そして、期待されている教育の役割には多様性が見られ、従来の基本的人権としての役割のみならず、持続可能な社会の基盤としての役割も期待されている。

　ポスト2015開発アジェンダの策定においては、MDGsの継続、またはMDGsの一部改善(ポストMDGs)の議論のほか、地球資源制約を強調した持続可能な開発目標(SDGs)[13]の国際的議論も進んでいる。このような国際的議論では、教育開発・発展(基本的人権としての教育、人間的・本質的な営み)を重視しているものの、教育を社会経済開発の基盤・手段として見る開発アジェンダや、環境保全をも包含した開発の基盤・手段として見る環境アジェンダも、持続可能な社会構築にむけて議論をされており、教育が、教育そのものの「教育の公平性」、「教育の質」の充実を図ることが期待されているだけでなく、「持続可能な開発の基盤に貢献しうる教育」としてもその役割が期待されていると言えよう。

注
(1) http://www.globaleducationfirst.org/220.htm (2014年2月4日アクセス)
(2) 地球市民性教育を阻害するものとして、(1)既存の教育制度の遺産・保守性、(2)時代遅れのカリキュラムや教材、(3)教員の資質の欠如、(4)不十分な道徳(価値)教育、(5)地球市民性教育に対するリーダーシップの欠如、を挙げている。
(3) 詳細は、佐藤真久(2014a)「地球市民性教育(GCE)に関するUNESCOフォーラムにおける成果と考察—持続可能で共創的な社会づくりに向けた「地球市民性」の構築」『環境教育』日本環境教育学会、Vol.23-3、123～130ページ)を参照されたい。
(4) 2013年9月9～10日に大韓民国ソウルで開催された地球市民性教育(GCE)に関する専門協議会合。主として、(1)地球市民性教育(GCE)がなぜ重要なのかについて議論、(2)今日における「地球市民性」と地球市民性教育(GCE)の意味あい、(3)実施すべき取組、について議論がなされた。
(5) 詳細は、佐藤真久(2014b)「ポスト2015開発アジェンダの策定にむけた国連教育協議ワークショップ "The World We Want 2015" における成果と考察—持続可能で包容的な地域づくりにむけたEFAとESDの連関強化にむけて」(『環

境教育』日本環境教育学会、Vol.23-3、105～113ページ）を参照されたい。
(6) Government of Senegal, UNESCO and UNICEF. 2013. *UN Thematic Consultation on Education in the Post-2015 Development Agenda, Summary of Outcomes.*
(7) Wade, R. and Parker, J. 2008. *EFA-ESD Dialogue: Educating for a Sustainable World*, Education for Sustainable Development Policy Dialogue No.1, UNESCO (ED-2008/WS/49 cld 2036.8).
(8) UNESCO. 2009. *EFA-ESD Dialogue: Creating Synergies and Linkages for Educating for a Sustainable World*, UNESCO World Conference on Education for Sustainable Development.
(9) UNESCO. 2012. *United Nations Decade of Education for Sustainable Development: Looking Beyond 2014*, 190 EX/9, UNESCO, Paris, France.
(10) Inter-Agency Committee on the DESD. 2013. *Key Messages on Education for Sustainable Development for the Thematic Consultation on Education in the post 2015 Development Agenda*, Handout Materials, 18-19th March 2013, Post-2015 Global Thematic Consultation on Education.
(11) 鈴木敏正・佐藤真久「「外部のない時代」における環境教育と開発教育の実践的統一にむけた理論的考察―「持続可能で包容的な地域づくり教育（ESIC）」の提起」（『環境教育』日本環境教育学会　Vol.21　No.2、2012年）3～14ページ。
(12) 山西優二・近藤牧子・上條直美編『地域から描くこれからの開発教育』（新評論社、2008年）。
(13) 2012年6月に開催された国連持続可能な開発会議（UNCSD）において、コロンビア、ペルーが共同提案をした開発目標。日本政府はUNCSDにおいて、政策文書「リオ＋20成果文書へのインプット」を発表し、「新しい国際開発戦略は、途上国だけでなく、先進国も対象にし、さらには国家、民間企業、市民社会団体、フィランソロピーといった多様なステークホルダーのパートナーシップを促進するものでなければならない」とし、連携と協働に基づくグローバルな連帯を強調している。UNCSDの成果の一つとして、ポスト2015開発アジェンダにSDGsを統合することが決定された。UNCSD成果文書ではSDGsを、⑴持続可能な開発の3側面（経済、社会、環境）に統合的に対応し、⑵先進国・途上国を対象とする普遍的目標とし、⑶行動志向性、簡潔で野心的目標であるべきと指摘しているほか、MDGsやポスト2015開発アジェンダと整合性を持つべきものとして位置付けている。

終章　グローカルな実践論理としての環境教育と開発教育
――環境教育と開発教育の実践的統一にむけた展望

佐藤　真久

1　はじめに

　終章では、「グローカルな実践論理としての環境教育と開発教育――環境教育と開発教育の実践的統一にむけた展望」と題し、「環境教育と開発教育の実践的統一」に関して各章で指摘されている論点を抽出・整理しつつ、ESDの文脈で指摘されている「自己変容と社会変容のための学習」と、本書で指摘されている「持続可能で包容的な地域づくり」の議論に基づいて考察を深めるものである。とりわけ、各章で指摘されている論点の抽出・整理においては、(1)環境教育と開発教育の歴史的背景に見られる接点、(2)環境教育と開発教育の特徴（貢献と課題、共通点と相互補完性）、(3)環境教育と開発教育の実践的統一にむけた展望、に分けて述べることとしたい。

2　環境教育と開発教育の歴史的背景に見られる接点

　まずは、環境教育と開発教育の歴史的背景に見られる接点について論点を整理してみたい（**表終-1**）。［第2章］では、「……環境教育と開発教育はその出自が異なるものの、ともに1960年代に顕著になった教育活動である」とし、それらは「主に先進工業国で起きた公害や環境破壊の問題に対応する必要に迫られ成立・発展した環境教育」と、「北側先進国と南側の開発途上国の経済格差とそれがもたらす諸問題をテーマとした開発教育」であると述べ

第三部　グローカル・パートナーシップに向けて

表終-1　各章で指摘されている環境教育と開発教育に関連する主な国際的取組と要点（抜粋）

年	環境教育と開発教育に関連する主な国際的取組
1948	・世界人権宣言
1972	・国連人間環境会議（スウェーデン、ストックホルム）
1985	・ユネスコ国際成人教育会議　『学習権宣言』
1989	・第 44 回国連総会　『子どもの権利条約（CRC）』
1987	・国連ブルントラント委員会報告　『我ら共有の未来』 －「持続可能な開発」の概念提起
1990	・万人のための教育世界会議（WCEFA：タイ、ジョムティエン）　『万人のための教育世界宣言』 ・子どものための世界サミット（アメリカ、ニューヨーク）
1992	・環境と開発に関する国連会議（地球サミット）（UNCED：ブラジル、リオ・デジャネイロ）　『アジェンダ 21』
1993	・世界人権会議（WCHR：オーストリア、ウィーン） ・人口教育および開発に関する第一回国際会議（ICPED：トルコ、イスタンブール）
1994	・国連人口開発会議（ICPD：エジプト、カイロ） ・小島嶼開発途上国の持続可能な開発に関する国連グローバル会議　『バルバドス行動計画』（バルバドス）
1995	・世界社会開発サミット（デンマーク、コペンハーゲン） ・第 4 回世界女性会議（中国、北京）
1996	・第 2 回国連人間居住会議（トルコ、イスタンブール） ・世界食糧サミット（イタリア、ローマ）　『世界食糧安全保障に関するローマ宣言』 ・21 世紀教育国際委員会　『学習：秘められた宝』 －（1）「知ることを学ぶ」「為すことを学ぶ」に加えて「人間として生きることを学ぶ」「ともに生きることを学ぶ」を提起、（2）「教育対排除」を 21 世紀に解決すべき基本的対立として提起、（3）克服すべき 7 つの緊張
1997	・環境と社会に関する国際会議（テサロニキ会議）（ギリシャ、テサロニキ）『テサロニキ宣言』 －貧困と環境破壊との関連、持続可能性についての言及 ・ユネスコ国際成人教育会議　『ハンブルク成人教育宣言』 －「人間中心の開発と参加型社会だけが、持続可能で公正な発展を導く」 ・第 29 回ユネスコ総会　『現代世代の未来世代への責任に関する宣言』 －世代間の対立を乗り越え、学び合うを通して世代間連帯を進める実践の重要性を指摘
1999	・国連総会　『平和の文化に関する宣言』
2000	・国連ミレニアム会議　『国連ミレニアム宣言』　『国連ミレニアム開発目標（MDGs）』 ・世界教育フォーラム　『ダカール行動枠組み』（セネガル、ダカール） ・平和の文化国際年
2002	・持続可能な開発のための世界首脳会議（ヨハネスブルク・サミット）（WSSD：南アフリカ共和国、ヨハネスブルク） －『国連持続可能な開発のための教育の 10 年（DESD）』の提唱
2005	・『国連・持続可能な開発のための教育の 10 年（DESD）』の開始、DESD 国際実施計画（DESD-IIS）発表－ESD の 2 つの起源（持続可能な開発に関する教育、教育の公平性と質）
2007	・第 4 回国際環境会議（ICEE）　『アーメダバード宣言』 －「誰でも教師であり学習者」「生涯にわたるホリスティックで包括的なプロセス」
2009	・ユネスコ国際成人教育会議　『ベレン行動枠組』 －社会的排除問題に取り組む「包容的教育（inclusive education）」の必要性の強調 ・ユネスコ ESD 世界会議（DESD 中間年会合） －（1）「知ることを学ぶ」「為すことを学ぶ」「人間として生きることを学ぶ」「ともに生きることを学ぶ」に加えて「個人と社会が変容することを学ぶ（transform oneself and society）」を提起、（2）生命地域の重要性の指摘
2012	・国連持続可能な開発会議（リオ+20）（UNCSD：ブラジル、リオ・デジャネイロ） －持続可能な開発目標（SDGs）、地球資源制約、ガバナンス、ポスト開発アジェンダ
2013	・ポスト 2015 開発アジェンダの策定にむけた国連教育協議ワークショップ "The World We Want 2015"（セネガル、ダカール）
2014	・『国連・持続可能な開発のための教育の 10 年（DESD）』の最終年会合の開催（名古屋、岡山）

Note: 各章による指摘に基づき筆者作成、一部筆者追記

終章　グローカルな実践論理としての環境教育と開発教育

ている。そして、双方の接点が国際的に見出された取組として、国連ブルントラントレポート（1987年）やリオ・サミット（UNCED、1992年）における「持続可能な開発」概念の提起と位置づけ、ヨハネスブルク・サミット（WSSD、2002年）における「国連・持続可能な開発のための教育の10年（DESD、2005-2014）」の提唱とその取組を指摘している［第1章；第2章］。

また、「持続可能な開発」概念の提起がなされた時代背景には、1980年代末葉以降の経済のグローバル化の影響があった点が多くの章で指摘されている［序章；第1章；第2章；第10章；第11章］。［序章］では1980年代末葉以降に見られる経済のグローバル化が「……多国籍企業と超大国アメリカ、IMF・世界銀行・WTO、そして主要先進国などの主要グローバライザーによる市場主義的＝新自由主義的政策によって推進され……、その結果もたらされたグローバルにしてローカル（グローカル）な地球的問題群の中で基本的なものが、富と貧困の対立激化の結果としての貧困・社会的排除問題と、地域から地球レベルに至る地球的環境問題の深刻化」であるとし、それら「双子の基本問題」の同時的解決にむけた取組の重要性を強調している。さらに、［第1章］では、「……このようなグローバリゼーションのもとで構造化された社会問題は、今度はそれが原因となって環境問題を生む。……そしてこの環境破壊が原因となって、格差、貧困などの社会問題を引き起こす悪循環に陥っていく……」とし、貧困・社会的排除問題と地球的環境問題には負の因果ループ（悪循環）があることを指摘している。

1987年の国連のブルントラント委員会報告『我ら共通の未来』において提唱された「持続可能な開発」の概念提起は、双方に接点を生み出した取組であると多くの章で指摘されているが（上述）、この言葉に内在する「開発」概念の進展も踏まえておく必要があるだろう。［序章］では、「1950年代後半以降の経済主義的開発に対しては、60年代後半以降、多様な批判がなされ、オルタナティヴが提起されてきた。経済的開発に替わる社会的開発、文化的開発、あるいは総合的開発などである。それらは90年代に入って、貧困問題にかかわる「人間的開発」と、環境問題に対応した「持続可能な開発」に集

223

約されてきた。そのことは最近、成熟・縮小過程に入っている先進諸国でも、脱開発＝脱経済成長の主張を伴って理解されてきている。」と述べ、「開発」概念が、経済的な視点に基づく開発から、「人間的開発」や「持続可能な開発」へと進展してきていることを指摘している。[第10章]でもこのような「開発」概念の進展を指摘しつつ、「開発」概念の進展の背景にあるパラダイム転換には、「現代世界の持つ人間（人権）抑圧構造、貧困創出構造を見据え、そこからの脱出、貧困解消、豊かさの創出を目指してきた思想的な潮流がある」（西川、2000）とし、人間、および文化やコミュニティを意識したアプローチが重視される傾向があることを述べている [第10章]。

　1980年代は、「環境」の概念の進展も見られる。この背景には、1980年代の原発問題、南北問題、都市・農村問題などを踏まえ、先住民、ジェンダー、社会周縁部に取り残された人々や脆弱層等の視点を取り込み、環境倫理思想が多様化したことが挙げられよう。従来の生態学的持続可能性の視点のみならず、「環境正義」や「エコフェミニズム」、「ソーシャルエコロジー」などの社会的公正に関連する視点も「環境」の概念に大きな影響をもたらした。

　このように、環境教育と開発教育の歴史的背景に見られる接点には、(1)1960年代に見られる同時的な成立と発展、(2)環境概念と開発概念の歴史的進展、(3)1980年代末葉以降に見られる経済のグローバル化の影響、(4)1990年代の「人間的開発」と「持続可能な開発」の概念提起、(5)国連ESDの10年（DESD）、などが見られる。

3　環境教育と開発教育の特徴（貢献と課題、共通点と相互補完性）

（1）環境教育と開発教育の貢献と課題

　環境教育と開発教育の貢献と課題について、各章において指摘されている論点の抽出・整理を行うと（**表終-2**）、双方ともにその背景、主義・視点、貢献と課題について、様々な指摘が見られる。終章では、文字数の制限があ

終章　グローカルな実践論理としての環境教育と開発教育

表終-2　各章で指摘されている環境教育と開発教育の特徴（貢献と課題）（抜粋）

	環境教育の特徴（貢献と課題）	開発教育の特徴（貢献と課題）
背景	・1960年代、主に先進工業国で起きた公害や環境破壊の問題に対応する必要に迫られ成立・発展［第2章］	・1960年代、北側先進国と南側開発途上国の経済格差とそれがもたらす諸問題をテーマとした開発教育［第2章］
主義	・自然主義、1980年代以降の環境概念の多様化	・人間中心主義
視点	・人と自然、自然生存権、人権アプローチ ・生態学的持続可能性（種間公正） 社会的公正（世代内公正、世代間公正）	・人と人、人と社会、人権アプローチ ・社会的公正（世代内公正、世代間公正）
学習の柱	・「人間として生きることを学ぶ」：人間存在のあり方まで問うようになってきた地球的＝地域的環境問題→環境教育［序章］	・「ともに生きることを学ぶ」：社会的分裂の危機をもたらすようになってきた貧困・社会的排除問題→開発教育（人権教育・国際理解教育・多文化教育・平和教育・ジェンダー教育など含む）［序章］
貢献	・自然に対する感性、自然生態系の理解（循環性、相互依存性、有限性、生物多様性）、地球的・地域的環境問題への対応 ・自然体験、科学的思考、参加性、ローカルな文脈、日常生活との接点、不定型教育（NFE）、定型教育（FE）、非定型教育（IFE）	・弱者・被抑圧者に対する共感性、社会・政治・経済構造の理解（文化・民族・言語の多様性、構造的暴力、抑圧・被抑圧の所在）、途上国の課題理解、国際協力意識向上、貧困・社会的排除問題への対応 ・参加性、対話性、グローバルな文脈との接点、不定型教育（NFE）、定型教育（FE）、非定型教育（IFE）
課題	・貧困・社会的排除問題との関連づけ ・参加と対話、社会・政治・経済の構造、社会的包容社会、グローカルな文脈への配慮 ・「環境」は地域や生活の問題だけではなく地球共通の課題であるという認識の重要性 ・地域における文化的・歴史的文脈との関連づけ、公正・共生につながる文化への発展性にむけたアプローチの検討（文化的側面）［第3章］ ・環境教育の非政治化（政治化の必要性）（政治的側面）［第1章］ ・「持続可能な生産・消費」や「ライフスタイルの選択・転換」との関連づけ（経済的側面） ・環境教育における当事者性の獲得 ・自己教育過程を重視した主体形成［序章］ ・自己教育の諸領域の、多様な地域と多様な主体に即した創造的な発展［序章］ ・地球市民性構築［第1章；第11章；第12章］ ・学社協働の場づくり、地域づくり教育、地域創造教育としての関連づけ、グローカルな公共空間創生 ・民主的意思決定プロセスに参加する市民育成［第1章］ ・協同的・創造的・実践的で制度的な対抗戦略を内包した環境教育の体系づくり（新田、2002） ・環境と共生的・共進化的にかかわっていく、環境「とともにある（with）」教育への要求［序章］ ・環境問題の原因となる社会・政治・経済構造を把握しそれらを変えていくような教育実践、学習者や市民の政策提言力をエンパワーメントしていくための教育的なトレーニングの必要性［第1章］ ・未来世代、抑圧された人々、物言わぬ生き物たちに対する責任のあり方を問う環境教育の理念構築、実践の必要性（日本環境教育学会、2013）	・地球的・地域的環境問題との関連づけ ・地域と自然、循環型地域社会、グローカルな文脈への配慮［第1章；第3章］ ・「開発」は途上国だけの問題ではなく地球共通の課題であるという認識の重要性［第9章］ ・地域における文化的・歴史的文脈との関連づけ、公正・共生につながる文化への発展性にむけたアプローチの検討（文化的側面） ・開発教育の脱政治化（再政治化の必要性）（政治的側面）［第10章］ ・「持続可能な生産・消費」や「ライフスタイルの選択・転換」との関連づけ（経済的側面） ・開発教育における当事者性の獲得［第10章］ ・自己教育過程を重視した主体形成［序章］ ・自己教育の諸領域の、多様な地域と多様な主体に即した創造的な発展［序章］ ・地球市民性構築［第1章；第11章；第12章］ ・学社協働の場づくり、地域づくり教育、地域創造教育としての関連づけ、グローカルな公共空間創生 ・地域に根ざした内発的開発教育［第6章］ ・内発的発展における地域的視点の理解、循環型地域社会づくりと学び、農の価値再考［第9章］ ・先進国における「適正な開発」に近づけるための開発教育［第10章］ ・開発の対象となった地域住民による主体的な学習過程（自己教育過程）の論理を明らかにし、それらを推進する教育実践論を展開すること［序章］ ・地域を軸にした実践と理論の構築［第3章］ ・「国境」問題：(1) 支援対象としての「他者」という硬直化した「まなざし」の固定化、(2) 開発政治というコロニアルな構造の普遍性に通低する何かを感じることの難しさ［第10章］

Note: 各章での指摘に基づき筆者作成、一部筆者追記

り詳細な説明を割愛するが、本書全体を読み通すことで、各章の指摘の背景にある文脈について理解いただきたい。表（**表終-2**）を読む際に注意すべきことは、双方の取組には歴史的に進展、多様化が見られており、近年では明確な差異が無い事例も多く見受けられる。とりわけ、国連ESDの10年（DESD）に見られる取組においては、その双方の取組に多少なりとも連関が見られていることを強調しておきたい。本書で取り扱っている「環境教育と開発教育の実践的統一」は、持続可能性に関する今日の教育実践において、もうすでに連関が見られつつあると言えよう。

（2）環境教育と開発教育に見られる共通点

各章において指摘されている論点を抽出・整理すると、双方の取組には以下に示すような共通点が見られる。

まず一点目としては、前述のとおり、双方の取組ともに歴史的背景においていくつかの共通点が見られる（前述、**表終-1**）。とりわけ、(1)1960年代に見られる同時的な成立と発展［第2章］、(2)環境概念と開発概念の歴史的進展、(3)1980年代末葉以降に見られる経済のグローバル化の影響［序章；第1章；第2章；第10章；第11章］、(4)1990年代の「人間的開発」と「持続可能な開発」の概念提起、さらには、(5)1990年代後半からの「持続可能な開発のための教育（ESD）」や「持続可能性のための教育（EfS）」、2005年からの国連ESDの10年（DESD）が双方の取組を振り返るきっかけとなり、異なる問題意識をもたらしたことも共通点として挙げられよう［第1章；第2章］。これは、「環境教育にとっては途上国における開発問題や貧困・社会的排除問題を意識した契機となり、また開発教育にとっては地域課題や環境問題を意識した契機となっている」［第9章］との指摘からも読み取ることができる。

二点目としては、双方の取組ともに通底して見られる目的とアプローチに共通点が見られる。［第10章］では、「……あらゆる「開発」行為に通底する目的は、人間社会の「持続可能性」の確保・創出・向上であろう。……格差・暴力（直接的暴力と構造的暴力の両方）・環境破壊・人権侵害のない世の中

終章　グローカルな実践論理としての環境教育と開発教育

をつくることに寄与する活動……」であるとし、持続可能性を追求し権利に基づくアプローチによる教育的取組として双方に共通点が見られる。

　三点目としては、定型教育（FE）だけが主たる場ではなく、不定型教育（NFE）が有する潜在性と可能性に期待をしている点に共通点が見られる。［第5章］では、「近代教育制度において生態学的持続可能性は……、人間が教育によって身につけるべき資質・能力としては位置付けられてこなかった」とし、生態学的持続可能性を重視した環境教育は、地域の市民運動や国連やNGO活動における教育実践として培われてきた点を指摘している。また、貧困・社会的排除問題を意識した開発教育においても、地域の市民運動や国連やNGO活動における教育実践として培われてきた点を指摘している［第8章；第11章］。［序章］において「地域づくり教育」や「地域創造教育」などの「構造化する実践」としての不定型教育（NFE）の役割が強調されているように、双方の取組において、不定型教育（NFE）が有する潜在性と可能性に期待している点に共通点が見られる。これは、「地域での文化づくりにつながる学び」［第3章］、ローカルな文脈を活かした「学社協働」のしくみ作りの事例（ドイツ連邦共和国の事例を基に）［第7章］などからも読み取ることができよう。

　四点目としては、態度・情動・価値観を重視している点に共通点が見られる。各章においては、「文化的参加」［第3章］、「公害地域における地域再生学習」［第4章］、反省的メンタリティを有する「自然再生学習」［第5章］、「参加型・対話型による地域アイデンティティの構築」［第6章］、「ローカルな文脈で非認知的行為を重ねる実践コミュニティの構築」［第7章］、「食と農を重視した循環型地域社会づくり」［第9章］など、多くの事例において態度・情動・価値観を重視している取組が見られる。

　五点目としては、双方の取組ともに自己教育過程を重視した主体形成に取り組んでいる点（自己変容）に共通点が見られる。各章においては、「自己教育過程を重視した主体形成」［序章；第1章；第5章；第6章］、「エンパワーメント」［序章；第1章；第6章］、「再政治化」［第1章；第10章；第11

第三部　グローカル・パートナーシップに向けて

章]、「反省的メンタリティ」[第5章]、「自分自身と自己との関係性への問い」や「内発的発展」[第6章]、「地球市民性」[第8章；第11章；第12章)、「異なる他者への出会い」（自己変革を促す学びや気づき）[第11章]、「非国家的で市民的で政治的な教育」[第11章]、などが指摘されている。

　六点目としては、双方の取組ともに「非政治化」が進行している点に共通点が見られる。「日本では社会システムの変革を目指し政策提言に関わるようないわゆる『政治教育』はタブー視され（新田、2002：27）……環境問題の原因となる社会・政治・経済などの構造を把握しそれらを変えていくような教育実践も少ない」[第1章]との指摘があるように、環境教育の「非政治化」の問題と環境教育の「政治化」の重要性が、本書で多く指摘されている[第1章；第4章；第5章；第8章]。一方、[第10章]では、今日の開発教育が対象とする「開発」とりわけ国際開発と呼ばれる領域が、ボランティア・ツーリズムの「産業化」に組み込まれること、政策科学の一部として「専門化」されること等を通じて、「脱政治化」されている状況を事例に基づいて説明している。環境教育の「政治化」と開発教育の「再政治化」の重要性は指摘されつつも、今日見られる双方の取組において「非政治化」が進行している点にその共通点が見られよう。

(3) 環境教育と開発教育の相互補完性

　上述したように、今日の双方の取組にはいくつかの共通点が見られている。ここでは七点目として、双方の取組ともに相互に補完しうる可能性を有している点に共通点があることも強調しておきたい。「環境教育と開発教育は車の両輪なのかもしれない……地球環境問題を介して……環境教育と開発教育と同じ土俵で議論せざるをえなくなる」[はじめに]や、「……日本のエネルギー特に原子力発電について、（環境教育、開発教育ともに）ことここに至っては避けて通ることができなくなっている」[第8章]の指摘からも、今日の双方の取組における相互補完の重要性を読み取ることができよう。

　[第6章]では、エコツーリズムを活かした地域アイデンティティ形成か

終章　グローカルな実践論理としての環境教育と開発教育

表終-3　各章での指摘に見られる環境教育と開発教育の相互補完性（抜粋）

・グローバリゼーションの時代における「地球環境問題と貧困・社会的排除問題の同時的解決」と「自己教育過程を重視した主体形成」（序章）
・ESD における環境教育と開発教育の融合（第 1 章）
・環境教育と開発教育の基本的差異をふまえた協働の可能性（第 2 章）
・人と人（社会）、人と自然、人と歴史を関連づけた「地域づくり・文化づくりと学びづくりの連動」（第 3 章）
・開発教育の視点を取り入れ公害の素材を用いた環境教育としての地域再生活動事例（西淀川公害地域）（第 4 章）
・「反省的メンタリティをもつ政策と運動のための教育実践」への方向性を有し、適応力と回復力を有した個人と組織（社会）づくりにむけた「自然再生学習と適応的管理」（第 5 章）
・エコツーリズムを活かした地域アイデンティティ形成から始める発展途上国（ドミニカ共和国）での参加型・対話型アプローチに基づく内発的開発教育の事例（第 6 章）
・ESD 推進者＝マルチプリケーターによる多元的・重層的な地域社会ネットワーク形成を基本とし、ローカルな文脈を活かした学社連携・地域再生活動事例（ドイツ連邦共和国）（第 7 章）
・復興支援や原発・原子力問題ワークショップおよび教材づくりによる開発教育と環境教育の実践的統一事例（開発教育協会）（第 8 章）
・環境教育と開発教育を橋渡しする「農業や農村の教育力」と日韓の食・生命共同体をめざす事例（第 9 章）
・国際開発・開発教育の「再政治化」と「グローカル公共空間」の構築（第 10 章）
・「グローカル・パートナーシップ」の構築、「社会運動としてのネットワーク」の提起（第 11 章）
・貧困・社会排除問題と地球環境問題の同時的解決を目指すことによる、EFA と ESD の連関の可能性、MDGs と SDGs の連関の可能性（第 12 章）

ら始める発展途上国（ドミニカ共和国）での内発的開発教育の事例を取り上げ、環境教育が途上国における開発問題や貧困・社会的排除問題の解決に貢献しうる可能性を指摘している。一方、［第 8 章］では、開発教育協会が実施をした復興支援や原発・原子力問題ワークショップおよび教材づくりによる「開発教育と環境教育の実践的統一」の事例が取り上げられ、「震災直後……国内での活動について動き出してみると、途上国での経験が大いに役立った。グローバルとローカルといった線引きは無用だということは明らかだった」と述べ、開発教育が地域課題や環境問題の解決に貢献しうる可能性を指摘している。このように（**表終-3**含む）、双方の取組には「持続可能で包容的な社会づくり」にむけて相互に補完しうる可能性を読み取ることができよう。

4　環境教育と開発教育の実践的統一にむけた展望

［序章］では、「自然主義」と「人間主義」を超えた「持続可能で包容的な地域づくり」を進める「実践の論理」を問う必要性を述べており、田中（2003）は、「貧困・人口・環境の「トリレンマ（三重の板挟み状態）」に対する認識

229

を高めるためには、人口・貧困を扱ってきた開発教育と、環境問題を扱ってきた環境教育とが統一的（協働的）に実践される必要性がある」と述べ、ともに「環境教育と開発教育の実践的統一」の重要性を指摘している。本節では、「環境教育と開発教育の実践的統一」にむけた展望について、ESDの文脈で指摘されている「自己変容と社会変容のための学習」と本書で指摘されている「持続可能で包容的な地域づくり」の視点から考察を深めることとしたい。

（1）ESDにおける「自己変容と社会変容のための学習」としての意味合い

　[序章]では、国連の21世紀教育国際委員会『学習：秘められた宝』(1996年)における「学習の4本柱」を例に上げ、「「人間として生きることを学ぶ」は、人間存在のあり方まで問うようになってきた地球的＝地域的環境問題に、「ともに生きることを学ぶ」は、社会的分裂の危機をもたらすようになってきた貧困・社会的排除問題に、それぞれ取り組む際に求められる」とし、「学習の柱」とグローバル化時代の「双子の基本問題」とを関連づけている。さらに、「……これまで、前者にかかわってきたのが環境教育、後者にかかわってきたのが開発教育（その限りで、人権教育・国際理解教育・多文化教育・平和教育・ジェンダー教育などを含む）であると言える」と述べ、「学習の柱」と環境教育と開発教育の連関に言及をしている。DESD中間年会合（2009年）においては、"Learning to Transform Oneself and Society"（自己変容と社会変容のための学習）[1]を、新しい「学習の柱」として位置づけている（UNESCO, 2009）。「環境教育と開発教育の実践的統一」は、地球環境問題と貧困・社会的排除問題の同時的解決（社会変容）と、自己教育過程を重視した主体形成にむけた取組（自己変容）をつなぎ合わせるもの（自己変容と社会変容の連関）として位置付けることができ、内発的な学びの特徴を有したESDの本質であると言えよう。この指摘は、DESD中間年会合『ボン宣言』(2009年)で「教育の質は、持続可能な生活及び社会や適正な職業への参加に必要な価値観、知識、技能、能力を育むものでなければならない」と強調

された「教育によるエンパワーメント」とも接点を見出すことができる。ポスト2015開発アジェンダの政策論議においても、「教育と学習」を中核に位置づける指摘が多くの国際会議で見受けられ、「教育の公平性」と「教育の質」といった継続的議論とともに、地球市民性を有した「持続可能な開発の基盤に貢献しうる教育」としてもその役割が期待されている（佐藤、2014）。そして、「環境教育と開発教育の実践的統一」は、MDGs（開発アジェンダ）と持続可能な開発目標（SDGs）（環境・開発アジェンダ）に取り組む「持続可能な開発の基盤に貢献しうる教育」として機能するだけでなく、教育の開発・発展（「教育の公平性」「教育の質」含む）にも貢献できうるものとして位置づけることができよう。

（2）持続可能で包容的な地域づくりとしての意味合い

[序章]では、「持続可能で包容的な地域づくり」には、(1)学習ネットワークの構築、(2)地域をつくる学びの構築、(3)地域生涯教育計画、の３つの段階があるとし、さらには、「単なる参加型学習ではなく、自然再生や持続可能な地域づくりの実践に主体的に参画することを通して獲得される「現代の理性」形成の学習実践である」と指摘がなされている。ここでは、各章で紹介されている取組事例を、[序章]の提示する３つの段階で整理をしつつ、各段階に内在する「持続可能で包容的な地域づくり」の意味合いについて考察を深めることとしたい。

学習ネットワーク活動や地域課題討議の「公論の場」形成などの第１段階としての「学習ネットワークの構築」（世代内、世代間、テーマ間、組織間、定型教育・不定型教育、都市・農村、先進国・途上国間含む）は、関係主体のネットワーク化、連携・協働の場の形成といった「二次元のつながりの世界」を意味していると筆者は考える。本書においては、(1)被災地住民（組織・個人）と支援者（組織・個人）の協働による学習ネットワーク（事例：宮城南三陸町）[第５章]や、(2)ともに話し合い考える復興支援チャリティワークショップの開催や、原発やエネルギー問題に関する教材の参加型開発（事

例：開発教育協会）［第8章］、などが挙げられよう。

　地域調査学習、地域行動・社会行動学習、地域づくり協同実践などの第2段階としての「地域をつくる学びの構築」は、上述するに「二次元のつながりの世界」にグローカルな文脈を加えた「三次元のつながりの世界」（生命地域、伝統的・現代的文化性、地球市民性含む）を意味していると筆者は考える。本書においては、(1)地域学習組織のネットワーク拠点の構築と地域課題と連関させた自然再生学習と協同実践（事例：北海道霧多布湿原センター）［第5章］や、(2)エコツーリズムに基づく地域調査学習を通じた「地域アイデンティティの構築」（事例：ドミニカ共和国における内発的開発教育プロジェクト）［第6章］、などが挙げられよう。

　地域再生・発展計画づくりなどの第3段階としての「地域生涯教育計画」は、上述する「三次元のつながりの世界」に生涯学習としてのプロセスを加えた「四次元のつながりの世界」（反省性、適応性・復元性、主体性と誇り、学び・行動する地域社会含む）を意味していると筆者は考える。本書においては、(1)地域を軸にした、地域づくり、文化づくり、学びづくりの連動（事例：益子町の土祭）［第3章］、(2)「公害地域における地域再生学習」と公害資料館の連携・協働（事例：西淀川公害地域）［第4章］、(3)ローカルな文脈を活かした「多層構造の社会ネットワーク」の構築、非認知的行為を重ねる「実践コミュニティ」の構築（事例：ドイツ・ゲルゼンキルヒェン）［第7章］、(4)農の学びを軸としつつ学校共同体から地域共同体へ広がっていった事例（事例：韓国プルム学校）［第9章］、(5)生命・食を軸とした共同体コミュニティを基盤にした共同生活全体を通じた学び合い（事例：栃木県アジア学院）［第9章］、などが挙げられよう。生命地域を尊重した「地元学」も学習ネットワーク活動と地域調査学習から始める「持続可能で包容的な地域づくり」の一例であると言える。

　本書で紹介されている「持続可能で包容的な地域づくり」の事例は、その取組段階やアプローチには差異があるものの、各々に「環境教育と開発教育の実践的統一」による豊かな様相を見ることができる。

終章　グローカルな実践論理としての環境教育と開発教育

5　おわりに

　本終章は、「環境教育と開発教育の実践的統一」に関して各章により指摘されている論点を抽出・整理しつつ、ESDの文脈で指摘されている「自己変容と社会変容のための学習」と、本書で指摘されている「持続可能で包容的な地域づくり」の議論に基づいて考察を深めるものであった。

　かつて、英国における「環境教育と開発教育の実践的統一」にむけた議論が、1990年代後半の「持続可能性のための教育（EfS）」の基礎を形作っている。英国では1990年代に入り、国家レベルでの環境教育の体系化がすすめられただけでなく、地域における環境教育実践の組織化が図られた。取組には、国連環境開発英国委員会（UNED-UK）といった政府機関のみならず、「環境・開発・教育・訓練グループ（EDETG）」を前身とする「持続可能性のための教育フォーラム（ES Forum）」が多くの環境系・開発系のNGOを巻き込み、環境教育、開発教育の実践者、研究者の連携・協働による教育実践や協議フォーラムの開催、政策提言文書の作成など行ってきている（佐藤ら、2010）。英国の事例から、日本が学ぶことは大きい。

　日本における「環境教育と開発教育の実践的統一」にむけた議論は、国連ESDの10年（DESD）を契機になされてきたものの、本書の出版を通して、環境教育と開発教育の関係者の相互協力により深められたものである。［はじめに］の言葉を借りれば、本書は「本格的なESD論」であると言える。3.11.東日本大震災（トリプル震災：地震、津波、原発事故）の経験を踏まえ、地球環境問題と貧困・社会的排除問題の同時的解決（社会変容）と、自己教育過程を重視した主体形成にむけた取組（自己変容）をともに達成する生涯学習プロセス（自己変容と社会変容の連関）としての「持続可能で包容的な地域づくり教育」は、グローバル化時代に求められる「教育・学習」の本質として位置付けることができよう。国連ESDの10年（DESD）の終わりを迎える今年（2014年）は、ポスト2015において中核的な役割を果たしうる「教

育と学習」を見据えつつ、「自己変容と社会変容のための学習」(ESD) の深化と「環境教育と開発教育の実践的統一」による、「持続可能で包容的な地域づくり」にむけて、ようやくスタートラインに立つ年になったという感が否めない。

注
（1）ユネスコアジア太平洋地域教育局のSheldon Shaeffer博士（UNESCOバンコク事務所所長、当時）はESDの文脈を踏まえ、2007年に新しい学習理念として「変容することを学ぶ（learning to transform）」を強調している（Shaeffer, S. 2007）。

引用・参考文献
田中治彦「『持続可能な開発のための教育』とは何か―予備的考察」（山田かおり編『持続可能な開発のための学び　別冊『開発教育』』特定非営利活動法人開発教育協会、2003年）
日本環境教育学会編「特集　東日本大震災・原発事故の衝撃をどう受け止めるか―環境教育研究の再構築に向けて―」（『環境教育』22巻2号、2013年）46～98ページ
新田和宏「環境教育が直面する最大の課題―グローバリゼーションと持続不可能な社会―」（『環境教育』11巻2号、2002年）24ページ
西川潤『人間のための経済学』（岩波書店、2000年）
佐藤真久・岡本弥彦・五島政一「英国のサステイナブル・スクールの展開と日本における教育実践への示唆―サステイナブル・スクール実践校における学力追跡調査と政研究に基づいて―」（『環境教育』20巻1号、2010年）48～57ページ
佐藤真久「ポスト2015開発アジェンダの策定にむけた国連教育協議ワークショップ "The World We Want 2015" における成果と考察－持続可能で包容的な地域づくりにむけたEFAとESDの連関強化にむけて」（『環境教育』23巻3号、2014年）105～113ページ
Shaeffer, S. 2007. *Filling a Half-Empty Glass: Learning to Live Together Through Education for Sustainable Development*, Plenary Presentation, XIII World Congress of Comparative Education Societies, Sarajevo, Bosnia and Herzegovina, September 3-7, 2007.
UNESCO. 2009. *Education for Sustainable Development*, Pamphlet, UNESCO World Conference on Education for Sustainable Development, 31 March - 2 April 2009, Bonn Germany, UNESCO.

おわりに

　本書編集のきっかけは、日本環境教育学会のプロジェクト研究「グローバリゼーションのもとでの環境教育・開発教育」（2008-2010年、プロジェクトリーダー：朝岡幸彦・佐藤真久）である。環境問題を自然環境の悪化・破壊だけでなく、グローバリゼーションのもとで構造化された社会問題である貧困と「開発」がもたらしたものとして捉える視点を重視するものであった。

　こうした視点から、まず、経済中心の「開発」がもたらす環境破壊が顕著な発展途上国とくにアジア地域の農村や、ヨーロッパや日本の先進国とくに都市地域における貧困や社会的排除問題に取り組む人々による地域再生の諸実践に着目した。そうした地域での（とくに経済的）グローバリゼーションがもたらしている地域コミュニティの劣弱化・破壊や持続不可能性の増大に対して、地域住民主体で問題解決に取り組む諸活動にかかわる学習・教育実践を、環境教育・開発教育の視点から捉え直してみようとしたのである。

　このプロジェクト研究の成果の一部は日本環境教育学会の機関誌『環境教育』第21巻第2号（2012年）に掲載されたが、その全容を示すものではなかった。プロジェクトにかかわったわれわれは、テーマの重要性に鑑み、より広い視野から研究会を重ね、関連する研究者・実践者にも参加いただいて「環境教育と開発教育」にかかわる共著を出版することにした。そして、運良く筑波書房のご理解を得て、『持続可能な社会のための環境教育シリーズ』の第5巻として位置づけていただけるようになったのである。編者のうち、佐藤はプロジェクトの最初から、鈴木は2年目から、田中は出版計画の段階で参加した。執筆陣にはプロジェクトにかかわった日本環境教育学会員だけでなく、開発教育や地域再生教育に実践的にかかわってきた方々に加わっていただくことにより、本書を文字通り「環境教育と開発教育」の協同の成果と

して、類書に見られない広く深い内容に仕上げることができたものと編者一同自負している。

この間に、グローバリゼーションがもたらす諸問題はより深刻化し、いまや「ポスト・グローバリゼーション」が問われるようになってきている。上記プロジェクト研究が始まったのはいわゆるリーマンショックの年であるが、このアメリカ発の世界同時不況は今なお克服できているとは言えない。日本ではさらに、2011年3月、世界最大級の公害・環境破壊と考えられる、東日本大震災に伴う福島第一原発事故が起こり、より深刻な社会・経済状態にある。

自然・人間・社会の総体が問われるようなこうした事態に対して、日本の教育・環境政策が正面から有効に対応しているとは言えない。第1次安倍政権は新自由主義＝新保守主義的な新教育基本法（2006年）を成立させたが、第2次政権では、経済成長優先で大国主義的なアベノミクスを展開するのと並行して、「教育再生実行会議」を中心にし、より権威主義的かつ市場主義的な「アベデュケーション（安倍流教育政策）」を展開している。TPP参加や原発再稼働、さらには「特定秘密保護法」や「集団的自衛権」にもつながるそうした政策では、ポスト・グローバリゼーション時代に求められる「持続可能で包容的な社会」づくりはもちろん、東日本大震災の被災地・被災住民に見られるような、基本的人権とくに生存権の保障すら危ういような「社会的排除」の状態を克服することは期待できないであろう。

今日、本書で指摘しているような貧困・社会的排除問題と地球的＝地域的環境問題という、グローバリゼーションがもたらした「双子の基本問題」は、東日本大震災被災地に限らず、日本全国そして世界各地で見られる。このグローカルな問題に教育の側からもさまざまな取り組みがなされてきたが、本書では、前者への取り組みの代表を開発教育、後者へのそれを環境教育と考えてきた。紹介してきたいくつかの実践で見たように、また、国際的動向が示しているように、これらの中にはいわゆる国際理解教育・多文化教育・平和教育・人権教育・ジェンダー教育なども含めて考えることができる。

おわりに

　「双子の基本問題」の同時的解決に取り組もうとする代表的国際活動が「国連・持続可能な開発（発展）のための教育の10年（DESD）」であった。この協同研究を進めたのはその後半期、本書が出版されるのはその最終年であり、現在、日本においてその総括会議の最終的準備が進んでいる。本書では「双子の基本問題」に取り組んで、環境教育と開発教育を実践的に統一する「持続可能で包容的な地域づくり教育（ESIC）」を提起し、その代表的実践のいくつかを紹介しつつ、それらの意義と役割を考え、グローバルなネットワークのあり方、そして「ポスト2015」の諸課題を提起してきた。「実践的」統一を提起したのは、環境教育と開発教育の現状をふまえたからで、「持続可能で包容的な」という折衷的表現をしたのは、当面は両者それぞれの視点からアプローチして協働することが重要であると考えたからである。

　おそらく今後、本書で提起した内容について、より広い合意が可能となるように表現する多彩な言葉が生まれてくるであろう。それらを翻訳し合いながら共通の概念を紡いで行くためには、**図序-1**で示した地域住民（子どもを含む）主体の地域SD・ESD計画づくりやグローバル・パートナーシップ形成をはじめ、理論的にも実践的にも解決すべき課題が山積している。そうした課題に取り組むにあたって、本書が多様な議論を展開するためのひとつのきっかけとなれば、それにすぐる幸せはない。

編者を代表して、2014年3月

鈴木敏正

◆執筆者紹介◆

氏名、よみがな、所属（現職）、称号、専門分野または取り組んでいること等。

監修者
阿部 治（あべ　おさむ）
立教大学社会学部・大学院異文化コミュニケーション研究科教授。日本環境教育学会会長。現在、国連・持続可能な開発のための教育（ESD）の10年（DESD）を通じたアクションリサーチに従事。

監修者／はじめに
朝岡 幸彦（あさおか　ゆきひこ）
東京農工大学農学研究院教授。博士（教育学）。日本環境教育学会事務局長（現常任理事）、日本社会教育学会事務局長（現企画委員長）、『月刊社会教育』（国土社）編集長などを歴任。専門は社会教育、環境教育。

編著者／序章／おわりに
鈴木 敏正（すずき　としまさ）
札幌国際大学人文学部教授。博士（教育学）・農学博士。北海道大学教育学研究院教授・研究院長、日本社会教育学会会長等を経て現職。専門は教育学・社会教育学・生涯学習論とくに地域づくり教育論・教育計画論、最近は環境教育・ESD研究にも従事。

編著者／第12章／終章
佐藤 真久（さとう　まさひさ）
東京都市大学環境学部准教授。英国サルフォード大学Ph.D. 地球環境戦略研究機関（IGES）、ユネスコアジア文化センター（ACCU）を経て現職。アジア太平洋地域の環境教育・ESD関連プログラムの開発、政策研究、国際教育協力に従事。

編著者／第２章
田中 治彦（たなか　はるひこ）
上智大学総合人間科学部教育学科教授。博士（教育学）。岡山大学、立教大学を経て現職。（特活）開発教育協会理事、シャプラニール＝市民による海外協力の会評議員。開発教育、ESD、市民教育、青少年の社会教育、などを研究。

第１章
櫃本 真美代（ひつもと　まみよ）
立教大学兼任講師、東京農工大学・麻布大学・大正大学非常勤講師、東京都公立学校専務的非常勤職員。青年海外協力隊で環境教育の職種でタイに赴任し帰国後、東京農工大学大学院修了。農学博士。専門は、社会教育・環境教育等。

第３章
山西 優二（やまにし　ゆうじ）
早稲田大学文学学術院教授、日本国際理解教育学会理事、かながわ開発教育センター代表、逗子市教育委員会教育委員など。平和・公正・共生につながる教育づくりに向け、地域・アート・文化・学びの視点から取り組んでいる。

第4章
林 美帆（はやし　みほ）
公益財団法人公害地域再生センター（あおぞら財団）研究員。博士（文学）。あおぞら財団付属西淀川・公害と環境資料館（エコミューズ）にて、公害反対運動資料の整理・保存・活用、公害教育の普及、公害資料館連携に取り組む。

第5章
降旗 信一（ふりはた　しんいち）
東京農工大学農学部准教授。博士（学術）。社団法人日本ネイチャーゲーム協会理事長・鹿児島大学特任准教授等を経て現職。最近は教職教育としてのESD研究を行っている。

第6章
吉川 まみ（よしかわ　まみ）
上智大学神学部講師。博士（環境学）。人間学的環境学、キリスト教人間学にもとづく環境教育・倫理の研究と、カトリック教会を中心とする途上国支援活動に取り組む。その他、（独）国際協力機構委員等。

第7章
高雄 綾子（たかお　あやこ）
フェリス女学院大学国際交流学部専任講師。都市科学修士、教育学修士。ドイツの環境教育、環境市民運動、地域学習プロセス等の研究に従事。

第8章
岩﨑 裕保（いわさき　ひろやす）
帝塚山学院大学リベラルアーツ学部教授。修士（アメリカ研究）。（特活）開発教育協会前代表理事。日本ユネスコ協会連盟評議員、日本クリスチャンアカデミー評議員、とよなか国際交流協会理事などを歴任。グローカル市民教育を研究。

第9章
上條 直美（かみじょう　なおみ）
フェリス女学院大学ボランティアセンター・コーディネーター。特定非営利活動法人開発教育協会代表理事。ASPBAE理事。明治学院大学国際平和研究所、立教大学などを経て現職。開発教育・社会教育の実践研究に従事。

第10章
北野 収（きたの　しゅう）
獨協大学外国語学部交流文化学科教授。米国コーネル大学Ph.D. 開発社会学、地域開発論、NGO研究。開発実践、人的資源、マクロ／メタの政策言説の相互関係に着目した研究を行っている。

第11章
湯本 浩之（ゆもと　ひろゆき）
宇都宮大学留学生・国際交流センター准教授。NPO法人開発教育協会（DEAR）副代表理事。現在のNPO法人国際協力NGOセンター（JANIC）事務局次長やDEAR事務局長などを経て現職。専門は、開発教育・グローバル教育論や市民組織論。

持続可能な社会のための環境教育シリーズ〔5〕
環境教育と開発教育
実践的統一への展望：ポスト2015のESDへ

定価はカバーに表示してあります

2014年7月15日　第1版第1刷発行

監　修	阿部治・朝岡幸彦
編著者	鈴木敏正・佐藤真久・田中治彦
発行者	鶴見治彦
	筑波書房
	東京都新宿区神楽坂2-19　銀鈴会館　〒162-0825
	電話03（3267）8599　www.tsukuba-shobo.co.jp

©鈴木敏正・佐藤真久・田中治彦 2014 Printed in Japan

印刷/製本　平河工業社
ISBN978-4-8119-0442-9 C3037